高层建筑桩筏基础承载性状研究及优化设计

宋荣方 著

黄河水利出版社
·郑州·

内 容 提 要

高层建筑桩筏基础承载性状复杂,对桩-承台-土体之间共同作用的认识仍然不够深入,其潜在的经济效益和社会效益未得到充分发挥。本书首先在国内外学者研究的基础上,设计制作了一个模型箱,开展了不同桩长、不同桩距、不同桩径的模型试验,根据试验结果探讨桩筏基础的工作机制。其次,基于某高层建筑桩筏基础,运用缩尺模型进行加载试验,研究桩筏基础的沉降及受力变化规律;针对其过大的不均匀沉降进行补桩加固,并且用缩尺试验与数值模拟相结合对桩筏基础加固前后的受力变形特征进行对比分析。最后,探讨了桩筏基础的优化设计。

本书可供建筑结构设计人员、高等院校土木类专业师生使用。

图书在版编目(CIP)数据

高层建筑桩筏基础承载性状研究及优化设计/宋荣方著. —郑州:黄河水利出版社,2024.3
ISBN 978-7-5509-3866-3

Ⅰ.①高… Ⅱ.①宋… Ⅲ.①高层建筑-桩筏基础-桩承载力-设计 Ⅳ.①TU473.1

中国国家版本馆 CIP 数据核字(2024)第 078677 号

组稿编辑:王志宽 电话:0371-66024331 E-mail:278773941@qq.com

责任编辑 郭 琼 责任校对 韩莹莹
封面设计 张心怡 责任监制 常红昕
出版发行 黄河水利出版社
地址:河南省郑州市顺河路 49 号 邮政编码:450003
网址:www.yrcp.com E-mail:hhslcbs@126.com
发行部电话:0371-66020550
承印单位 河南新华印刷集团有限公司
开 本 787 mm×1 092 mm 1/16
印 张 8
字 数 185 千字
版次印次 2024 年 3 月第 1 版 2024 年 3 月第 1 次印刷
定 价 65.00 元

前　言

　　桩筏基础是高层建筑中最常见的基础形式,其可以有效提高基础的承载能力和降低基础的差异沉降,并且能够大幅改善软土地基承载能力不足的缺点。但在实践中,由于对桩筏基础承载性状认识上的局限性,我国房屋建筑进行桩筏基础设计时,计算仍采用简化算法,降低了桩间土对地基承载力的提高作用,相应地增加了桩的数量和长度,导致基础承载力有较大的富余量,从而造成工程建设成本的增加。高层建筑桩筏基础是一个十分复杂的系统,它们共同作用的研究关联到很多因素,基于此,对其工作机制的深入研究是非常有必要的。

　　本书基于当前桩筏基础的研究现状,首先在模型箱里改变桩长、桩距、桩径进行桩筏基础承载力模型试验;在试验中,测试不同部位(如桩顶、桩底、桩间)土应力变化情况,分析群桩的工作机制。然后,结合某工程项目,运用缩尺模型对桩筏基础进行加载试验,探究桩筏基础随荷载变化的沉降及受力变化规律,对桩筏基础沉降特点、不同位置桩顶反力、筏板底反力进行了系统分析比较,对桩筏基础随荷载增加的变形及受力规律作了分析。接着又对缩尺试验进行足尺数值模拟,针对其过大的不均匀沉降进行加固处理,对比分析加固前后的变形特征。最后,探讨了桩筏基础的优化设计。

　　本书由郑州工程技术学院宋荣方撰写,得到了 2023 年河南省重点建设学科(郑州工程技术学院土木工程学科)、河南省高等教育教学改革研究与实践项目(2024SJGLX0209、2021SJGLX295、2019SJGLX509)、郑州工程技术学院专创融合特色示范课程(土力学)等的资助,在此表示感谢。

　　由于作者水平及经验有限,加之时间仓促,疏漏之处在所难免,敬请读者批评指正。

宋荣方

2024 年 1 月

目　录

第 1 章　绪　论

1.1　桩基础概述

桩基础是一种历史悠久的古建筑基础形式,也是一种应用广泛、发展迅速、生命力很强的现代建筑基础形式。当采用天然地基上的浅基础不能满足地基基础设计的承载力和变形要求时,可以采用地基加固,也可以采用桩基础将荷载传至深部土层。

桩基础具有比较大的整体性和刚度,能承受更大的竖向荷载和水平荷载,能适应高、重、大的建筑物要求,在近代土木工程的发展中,桩基础起到越来越重要的作用。

1.1.1　桩的结构特点和作用

桩是将建筑物的荷载(竖向的和水平的)全部或部分地传递给地基土(或岩层)的具有一定刚度和抗弯能力的传力构件,桩的性质随桩身材料、制桩方法和桩的截面大小而异,有很大的适应性。

桩可以用各种材料制成,例如木材、钢材、混凝土或它们的组合。桩可以在现场或工厂预制,也可以在地基土中挖孔直接浇筑。桩顶可以做成专门的钢帽,也可伸出钢筋以便与基础承台连接。桩身通常是柱形,但也可以是锥形。表面一般是平直的,也可以做成槽形或螺旋形。桩的断面形状常为圆形、环形、方形,也有矩形、多边形、三角形或 H 形等异形断面。桩端可以做成锥尖形或平底的,也可以扩大成球台形、蒜头形或梨形的。

桩基础是由承台将若干根桩的顶部连接成整体,以共同承受荷载的一种深基础。其承台的结构形式和桩的布设方式也有很多种类型,可根据上部结构的特点、地质条件和施工条件选用。

(1)在框架结构的柱下,或桥梁墩台下,通常在承台下设置若干根桩,构成独立承台下的桩基础;当荷载较大时,在框架柱列之间常联以基础梁,沿梁的轴线方向布置排桩,构成梁式的承台桩基础。

(2)若上部为剪力墙结构,则可在墙下设置排桩,但因桩径一般大于剪力墙厚度,故需要设置构造性的过渡梁。

(3)若承台采用筏板,可按柱网轴线布桩,使板不承受桩的冲剪作用,只承受水的浮力和土反力。当荷载比较大需要布桩较多时,沿轴线布置桩可能有困难,则可以在筏板下满堂布桩。

(4)当地下室是具有底板、外墙和若干纵、横内隔墙构成的箱形基础时,可满堂布桩,或按柱网轴线布桩。由于箱形基础的刚度很大,能有效地调整不均匀沉降,因此这种桩基础适用于软弱、复杂地质条件下的上部为任何结构形式的建筑物。

桩具有多种独特的功能,根据工程的特点,桩可以发挥各种不同的作用,桩的作用主要有以下几方面:

(1)通过桩的侧面和土的接触,将荷载传递给桩周土体,或者将荷载传给深层的岩层、砂层或坚硬的黏土层,从而获得很大的承载力以支撑重型建筑物。

(2)对于液化地基,为了在地震时仍保持建筑物的安全,通过桩穿过液化土层,将荷载传给稳定的不液化土层。

(3)桩基具有很大的竖向刚度,因而采用桩基础的建筑物,沉降比较小,而且比较均匀,可以满足对沉降要求特别高的上部结构的安全需要和使用要求。

(4)桩具有很大的侧向刚度和抗拔能力,能抵抗台风和地震引起的巨大水平力、上拔力和倾覆力矩,保持高耸结构物和高层建筑的安全。

(5)改变地基基础的动力特性,提高地基基础的自振频率,减小振幅,保证机械设备的正常运转。

1.1.2　我国桩基工程发展的特点

我国桩基工程的实践和理论研究具有很高的水平,其原因在于:

(1)我国的地质条件极其多样,不同的地质条件,地基基础的工程问题不同,解决的方法和手段也不一样,给桩基工程的发展提供了非常大的空间。

(2)我国建设规模巨大,高层建筑、大桥、高耸塔架、海洋平台、地下铁道、高速公路等基础设施大量兴建,给基础工程提出了各种不同的要求,为桩基工程的发展提供了极其广阔的前景。

与国际上桩基工程的发展水平相比,我国桩基工程的发展具有以下非常明显的特点:

(1)发展的桩型多,新的施工工艺、新的桩型不断出现,经过工程实践的筛选,保留了许多具有经济效益和社会效益的新桩型和新的施工方法。

(2)现场模型试验和原型试验研究的规模大,测试项目齐全,涉及的领域广泛,在竖向承压桩方面积累的资料丰富,在抗拔承载力、水平承载力方面也进行过颇有代表性的大型模型试验和原型试验,取得了宝贵的数据,在现场试验中还做了许多桩身内力、桩身变形的量测,为机制研究提供了大量的数据。

(3)单桩承载力确定方法的研究与推广应用广泛,如用静力触探预估单桩承载力的方法,用经验公式确定单桩承载力的桩侧摩阻力和桩端阻力的系数表等都已列入全国规范和部分地方规范。

(4)桩的模型试验和理论研究的深入将工程经验提高到新的设计方法和新的工法水平,在理论和实践两方面都有不少建树。在桩的荷载传递机制研究、桩土共同作用研究、群桩的变形计算与变形控制理论及计算方法等方面都取得了很多的成果。

1.2　研究背景与意义

城镇化是国家现代化的重要标志,最新的人口普查显示,中国现有的城镇化率在65%左右。随着经济水平的发展及地价水平的提高,越来越多的新建建筑高度不断刷新城市天际线,无数的新建小区拔地而起,一座座现代化写字楼矗立在新城区,华夏大地的城市建设日新月异,我国的建筑工程技术不断迈上新的台阶。与此同时,我们也能经常听到由于房子质量问题而引发的民事纠纷甚至安全事故。其中,高层建筑由于其设计建造技术的复杂性及体量的巨大性,一旦发生工程质量问题将会带来十分恶劣的社会影响。

目前,常见的高层建筑基础大多为桩筏基础,在建筑建设及使用运行过程中,由于各种不确定性因素的作用,有时会导致建筑物产生不均匀沉降。引起建筑不均匀沉降的原因复杂多样,有的是在勘察设计阶段的工作失误,如勘察不到位,没有在勘察报告中反映真实的地质情况;有的是在规划设计阶段没有选用恰当的建筑结构体系,上部结构传递给基础的荷载严重不均匀导致基础产生不均匀沉降;有的是建筑使用运营过程中周边地质条件及邻近地下建(构)筑物发生较大改变,引起沉降条件和边界约束的改变,造成建筑整体偏移,如地铁管廊施工及邻近新建建筑深基坑施工;有的是新拓展的交通轨道产生的动荷载诱发地基沉降变形;特殊地质情况下地下水的渗流也会造成地基和基础的不均匀沉降。高层建筑桩筏基础不均匀沉降的发生会造成筏板开裂、地下室墙体开裂渗水、上部结构整体倾斜等危害,严重影响建筑的使用功能。有的办公楼建成使用后发生倾斜而常年空置使用,经济损失巨大;有的住宅楼建设到一半因倾斜搁置成了烂尾楼;有的居民楼由于楼体不均匀沉降导致电梯井道无法安装电梯,严重影响了居民的日常生活。如何控制建筑物不均匀沉降是当下及未来有现实意义的研究课题。

对于大多数由于建筑基础不均匀沉降导致的工程问题,采取正确合适的技术措施实施加固纠偏是最为经济合理的处理办法,但是对于高层建筑桩筏基础不均匀沉降控制技术的应用研究,则缺少较系统的研究总结及详尽的工程实践操作介绍。现有很多止沉纠偏手段还停留在依赖经验和表面观察的层面,缺乏更具有说服力的试验和数值模拟研究,致使在加固过程中由于加固设计方案的不合理产生了更严重的不均匀沉降,甚至对基础结构造成了严重附加损伤,这对于工程本身来说是不负责任的,即使加固控沉工作达到了期望的数值目标,但还是会带来严重的安全隐患。例如:某些补桩加固完的基础底板会产生开裂鼓起,很多时候会把这种情况归结为地下室底板抗浮不足导致的,真实原因是补桩加固产生的桩顶反力超过了该部位原底板抗力设计值。因此,对于此类高层建筑桩筏基础不均匀沉降控制实施前的原因分析、方案选择及计算设计等技术工作就显得尤为重要。

现有的加固设计手段大多是运用建筑结构设计软件对原结构进行建模复算,针对实际项目的不均匀沉降情况对原基础设计进行重新建模优化,多采用增加桩基数量及增补筏板等手段,经计算达到需要抵消的不均匀沉降差值后便认为加固方案是合理可行的。有的加固团队为了更真实地还原各种加固工况,采取了更为准确的有限元数值模拟软件。更为复杂的数值模拟技术可以达到更接近实际情况的计算效果,但是数值模拟时仍进行了大量的简化,一些土体参数本构模型的选取较为粗糙,例如:忽略内部钢筋、泊松比及土体弹性模量的选取都是参考经验值,模拟得到的结果与实际的加固结果存在很大的误差,故采取一定的试验进行进一步研究是有必要的。

基于桩筏基础,各国学者们在世界范围内开展了大量的研究,同时取得了大量的成果,但是由于桩筏基础结构比较复杂,其研究内容包含很多方面,比如筏板之间的厚度、筏板的配筋量、桩的类型、桩的间距、桩的长度以及地基土的性质和分布等。若是想通过模型完全把实际情况模拟出来,是很困难的,因为每种计算软件都有其局限性,一种软件只有在某些前提条件下才适用。现行国家规范也没有给出明确的计算方法和设计原则。这主要有以下两个方面的原因:①各个地方的地质情况不一样,土体的各个参数难以统一,土体的反力情况也不一样。②计算沉降的公式系数的准确性难以控制,并且从工程实际反馈得到的数据与计算结果出入较大。

因此,找到一种合适的分析方法,可以合理地对桩筏基础工作性能进行模拟分析,进一步改进桩筏基础设计方法或建立桩筏基础基本的优化方法,也是目前亟须解决的课题。在实际的工程设计中,一般都存在这种情况,即根据工程提供的经验和方法设计基础的结构与构造,然后利用各类理论校核计算为辅。这种概念设计虽然也是一种解决问题的途径,但是其合理性和经济性值得探讨,因为这种设计方法只是简单地满足了承载力的要求,没有考虑桩、土和上部结构刚度之间的相互影响,无论是桩的整体承载能力,还是筏板的厚度及配筋,都会存在较大的富余,从而导致了一定的经济浪费。另外,从社会经济效益的角度来说,基础工程的造价在施工建筑总造价中所占的比例会伴随着房屋高度的增加而增加。对于复杂的建筑,在土建成本中,基础所占的比例会更高。因此,开展桩筏基础的模型试验和数值模拟研究,总结桩筏基础的承载规律,对于桩筏基础推广应用及指导实际施工有重要价值。

1.3　国内外研究现状

1.3.1　桩筏基础研究现状

墨西哥教授 Zeevaert 最早提出了桩筏基础这个概念,并在 1957 年的第四次国际力学基础工程会议上作了进一步的延伸。桩筏基础是一个比较复杂的系统,从组成结构来看,包括桩、筏板和桩间土。从传力机制来看,上部荷载使桩压缩土体发生沉降,带动筏板一起向下运动,而筏板底部土体受压变形,从而对筏板有个向上的反力。桩筏基础也被称作附加摩擦桩的补偿基础、沉降控制复合桩基础、减少沉降量桩等。桩筏基础拥有竖向承载力高、整体性好、基础沉降小、降低基础不均匀沉降的优点,同时对于地震荷载和风荷载等横向荷载也具有较好的适用性,是高层建筑物和软土等不良地基上构筑物常见的基础形式。

在实际工程中,桩筏基础的运用在较早以前已经开始,但 20 世纪 50 年代才开始对桩筏基础进行研究。众多国外学者在试验和理论研究的基础上,提出了种类繁多的分析设计方法。Randolph 在 1994 年总结归纳了国外对于桩筏基础的 3 种设计方法:①传统设计方法,由桩承担大部分上部荷载,筏板只起辅助承载作用。②屈服桩基础方法,在设计中考虑单桩发挥极限承载力的 70%~80% 以及考虑桩的数量超过平均值,以此使筏板和土的净接触压力小于土的先期固结压力。③控制不均匀沉降的方法,以更为合理有效的布桩形式来达到减小不均沉降的目的,而不是一味增加桩数来减小基础的平均沉降。在已存在的桩的分析设计方法之上,将桩的分析设计方法在总体上分为 3 个种类:第一类是简略的计算方法,在计算时,将上部结构的加载条件和下部土体的模型数据进行简化。第二类是依靠计算机的近似计算方法,主要有两种模型,一种模型是把桩筏基础简化为作用在弹簧上的板,另一种是把桩筏基础简化为作用在弹簧上的条形物体。第三类相较于前两类更为细致,其中包括边界元法、三维有限元分析方法及边界元和有限元法联合使用的方法等。Poulos 认为可以将桩视为减少基础整体沉降的重要部件,提出了可以使桩完全发挥承载性能的设计方法,他认为过往在设计中默认由桩体来承担所有荷载的设计方法已经不再适合,并且这种方法也不利于达到更好的经济性,桩的数量并不是越多越好,桩数过多对于桩筏基础整体承载性能的增加并不能带来更有效的效果,反而通过设计更为合理的布桩形式对于减少基础的差异沉降有显著效果,不管对于何种地基系统,在进行桩筏基础的设计时应当重点考虑以下这些要素:①竖向承载力、水平向极限承载力和极限弯矩。②筏板结构设计时筏板上的剪力和弯矩。③桩结构设计时桩上的弯矩和荷载。④最大沉降。⑤差异沉降。Kim 使用递归二次规划法对桩筏基础中桩位的布置进行了研究,并对优化布置提出了建议。Hain 等分析了桩-筏共同作用,并取得了该方法与现场实测具有一致的结论。筏板基础的分析研究主要有 Reissner 提出的厚板理论和 Kirchhoff 提出的经典薄板理论。Padfield C J 对桩筏基础中心区域桩体对基础整体的差异沉降控制做了研究。Fleming W G K 等提出了在柔性桩筏基础的中部区域设置群桩来控制基础的不均匀沉降。Randolph M F 在柔性筏板中部布桩以此减少基础对于差异沉降的敏感度。

我国对于桩筏基础的研究起步较晚,20 世纪 70 年代末期才开始大规模研究,但是在短短几十年内,我国广大科研工作者对其进行了大量的试验和研究,取得了丰富的成果。1983 年,华东电力设计院在研究桩与筏板共同作用后提出,在软土地基中进行桩筏基础设计时应充分考虑桩与筏板的共同作用,可以更好地减少基础沉降和提升基础的承载能力;杨敏等讨论了用降低桩的用量的方法以达到经济性的问题,在以控制沉降为桩筏基础的总体设计思路时,若建筑物对于沉降要求并不太高的话,可以在地基强度足够大的时候适当减少桩数,这样虽然沉降会有所增加,但并不会引起建筑物的正常使用;宰金珉将过去一直使用的高层建筑、软土地基中桩筏基础的设计观念归纳为 4 点:①满足力和力矩的平衡,即桩的总承载力不小于总荷载,桩群承载力的合力点与荷载的重心重合或相近。②桩体布置总体上均匀:有些主桩在基础的边角处适当加密,这是因为根据实际工程经验来看这两处的反力较大。③总体沉降和差异沉降均符合设计要求。④筏板厚度在上部结构的高度增加时也随之按比例增大以满足基础的抗冲切能力,在基础刚度不足时使用箱形承台。刘金砺等进行了软土中不同桩距和桩长的竖向荷载模型试验,得到了桩筏基础的变形特征;陈祥福提出了空间变刚度群桩等沉降设计思路和具体方案;蒋刚等利用先期模型试验数据,得出桩与地基土荷载分担关系,并建议了能反映桩筏基础在承载过程中桩土各自状态的桩筏基础安全度计算式;张建辉等通过建立筏单元对桩筏基础进行数值模拟,以桩和桩间土为研究对象,建立了一种新的设计方法,该方法有较好的可靠性和适用性;段旭等在黄土挖填方场地中进行桩筏基础模型试验,得到了桩筏基础在该土质条件下的受力变形特征;谢芸菲等基于有限元分析提出一种两阶段优化设计方法,该方法可以实现变刚度优化设计并且可以不受复杂土层条件、非均匀上部结构及桩基础规模大小的限制;张建辉等采用抽桩的分析方法,研究探讨了布桩方式对桩筏基础的平均沉降、差异沉降、筏板的负荷承担比和筏板弯矩的影响特征;江杰等提出一种桩筏基础相互作用的简化分析方法,对筏板和土体的接触面进行单元离散,分析了桩-桩、桩-土、土-土之间的相互作用关系;龚晓南等从优化设计的角度出发对桩筏基础的设计思路、布桩方式进行了探讨;余闯等研究了桩筏基础的差异沉降机制,提出可以通过调整桩体的刚度来降低整个基础的差异沉降;赵锡宏等在对比分析了国内外桩筏(箱)基础的实测和计算结果后论证了桩筏(箱)共同分担荷载的合理性;刘金砺等针对单桩和群桩的分析提出了弹性理论-有限压缩层混合修正模型。

当前对于桩筏基础的研究分析主要集中在桩及桩土之间的作用关系,对筏板的研究进行得还不够深入。在进行桩和筏板两者间的共同作用原理研究时,筏板通常被认为是薄板,以 C_1 型连续的 Kirchhoff 薄板弯曲理论为分析理论依据。在筏板的厚度变大以后,以 C_0 型连续的 Reissner-Mindlin 厚板理论作为分析理论依据。在具体工程中遇到需要对筏板进行分析时,首先需要对筏板的范围进行判别从而选择更为合适的理论依据,而目前对其进行判别的方法主要有以下几种:①王伟等采用有限单元法,使用四边形等厚板通用参元来分析,这样可以防止无法有效选择分析理论带来的误差,并且该种方法可以适用于任意形状和厚度的筏板形成的受垂直荷载的桩筏基础。②曾友金等在使用了 8 节点等参板单元对筏板进行分析,这种单元也可以应用于任何厚度和任意形状的筏板。③Navier于 1823 年提出的四边简支矩形薄板级数解之类的半解析方法也可以用于筏板的分析中。有些分析方法甚至直接简单地视承台为刚性。

在进行筏板的设计时,现阶段对于筏板厚度的确定通常更多依靠的是设计者的经验,而由于不同设计者的经验不尽相同,所以即使面对相同的设计条件,不同设计者设计出来的筏板厚度也有很大差别。通过研究筏板和桩两者之间的相互作用,对计算筏板的刚度总结出一个公式,研究筏板刚度对于基础沉降、桩体轴力和筏板及桩体内力等的影响作用,以此更好地设计筏板的厚度。Fraser、Wardle、Hain S J 等,以及我国的唐业清都提出了基于量纲分析的筏土相对刚度 K_R 计算公式,结合桩土相对刚度 K_P,综合地分析筏板的工作性状。杨敏等分析了桩筏的相对刚度与筏板的尺寸、弹性参数、板的尺寸、单桩的柔度系数及桩间距有关。根据相对刚度,可以将筏板分为 3 种类型,分别是柔性筏板、刚性筏板和弹性筏板。但这个公式还有可以改进的地方,根据这个公式,桩间距离增大以后会使桩和筏板的相对刚度降低,并且筏板的形状即长和宽的比例并没有被考虑进去,下卧土层的压缩性也不能由单桩的柔度系数很好地体现出来。

1.3.2 桩筏基础模型试验和数值模拟研究现状

1.3.2.1 模型试验研究现状

桩的理论研究与工程应用历史较长,影响桩基受力变形特性的成桩工艺、土体特性等因素非常复杂。因此,对单桩和群桩的受力变形特性认识还不充分,其设计往往依赖于工程类别和工程经验。目前,桩基研究的手段主要有原型观测、静载试验、模型试验、数值模拟分析等。原型观测和静载试验是设计和确定桩基承载力、研究桩基承载变形特性最直接、最可靠的方法,并且是验证模型试验和数值模拟分析合理性的手段,但由于试验周期长、耗资巨大,因此仅应用于较少的重要工程中。荷载传递法、弹性理论法、剪切位移法、有限单元法、边界单元法、混合法等桩基数值分析方法,是研究分析桩基特性的一种便利而花费较少的方法,但其精度主要依赖于模拟桩−土相互作用、成桩工艺、土体特性等因素对桩基承载变形特性影响的准确性和合理性。模型试验可以根据需要较精确地设定和控制边界条件、桩土材料特性等,在研究桩−土相互作用时具有较强的针对性和目的性,获得的信息远比原型观测和静载试验多,而且还可用来验证数值模拟分析。

1955 年,苏联的 AAЛyra 采用直径 0.3 cm、0.65 cm、1.0 cm、1.6 cm 的钢桩,打入深度为 50 cm 的饱和细砂中,进行桩基的模型试验,试验认为当桩数增加、间距减小时,群桩效率将减小;而且在砂性土中桩间距以 $3D \sim 3.5D$(D 为桩径)最适宜。

1960 年,Whitaker T 用直径 0.3 cm、长 $12D \sim 48D$(D 为桩径)的黄铜棒做成的模型桩基在重塑黏土中进行试验。结果得出,在给定桩长和桩数的条件下,变化桩间距,所有情况下,群桩效率均小于1;一般随桩数增加,群桩效率减小。

1961 年,苏联水利科学研究院用 3 根、5 根、9 根、13 根等 4 种型式桩基在砂中进行模型桩基试验。模型桩为直径 9 cm 的钢管,配有桩尖,沉入土中 1.2 m。仅承受竖向荷载的单桩,其承载力低于在竖向荷载和弯矩同时作用下的桩,桩群中各桩的工作能力有别于单桩。

1963 年,Hama T H 用直径 $0.8 \sim 1.0$ cm、长 30 cm 的铜管及玻璃棒、小木桩在砂箱中进行试验。结果得出,砂性土中群桩的沉降效率都大于 1,且随桩数增加、间距减小而增大。

1964 年,印度的 V N SM urthy 进行了斜单桩横向荷载试验,采用的 7 根模型桩由外径 1.9 cm、壁厚 0.9 mm、长为 76 cm 的铝合金管制成,桩上贴有应变片测点。模型桩在砂箱中埋置斜度为 0°、15°、45°,箱中填有经过压实的干燥标准砂。横向荷载在砂层表面处垂直于桩轴线,沿斜度方向或斜度相反方向作用。由实测应变读数,换算出桩弯矩,然后由弯矩得到位移、转角及土抗力。

1971 年,苏联的 BBЛeвe нстам 进行了单桩水平荷载试验,3 根木质模型桩尺寸分别为:截面 12 cm×18 cm,长 220 cm;截面 24 cm×18 cm,长 180 cm;截面 36 cm×18 cm,长 180 cm。模型桩埋入平面尺寸为 2 m×2.5 m、深 2.0 m 的地槽中,总共进行 31 次试验,其中 26 次在砂土中进行,5 次在亚黏土中进行,试验中采用压力传感器实测桩侧土抗力。试验结果表明:①无论是在砂土还是在亚黏土中,各级荷载(包括极限荷载)的土抗力均为曲线形分布。②当桩的埋入深度一样时,松散砂前部最大土抗力的位置比中密砂和亚黏土最大土抗力的位置低。

1974 年,日本藤见雅进行的桩基模型水平荷载试验,承台座板尺寸有 3 cm×20 cm×10 cm 和 3 cm×25 cm×10 cm 两种,桩横截面分别为 4 cm×0.8 cm 和 2 cm×0.8 cm 两种,桩长均为 42.5 cm,桩由树脂制成;砂箱为高 50 cm、平面尺寸为 80 cm ×100 cm 的木箱;用振捣器分 5 层填入干砂,每层振捣 10 min;用砝码通过滑轮施加水平荷载。通过试验可知:桩基计算应考虑地基土的非线性性质;斜桩斜度变大时,水平位移有变小的趋势;在斜度 $H=0°\sim5°$ 存在着承台底转角为 0 的一个斜度,斜度超过此值承台转角为负值,而转角的绝对值随斜度增大而增大。

波兰学者 Patka 和 Naborcryk 进行了单桩、承台、带台单桩的对比模型试验,通过对单桩、承台和带台单桩的对比分析,得出带台单桩承载力大于单桩与承台承载力之和。

1980 年 COOKE、R W 在伦敦黏土上进行了群桩及带承台群桩的试验研究,桩距为 3 倍桩径时,在工作荷载下桩间土承担 8% 的荷载。同年 Akinmusuru 为了研究高桩与浅基础及低桩基础的关系,进行了高桩、浅基础、低桩基础的对比试验。土为均匀颗粒的干砂,模型桩选用铜管,承台选用钢板。试验开始时承台板高于地面,加荷过程中使承台板逐渐接触土面,继续加荷至破坏,得到典型的 $P-s$ 曲线。经过对试验结果的比较分析可知:桩基承载力与桩长和承台尺寸有关,低桩基础的承载力大于浅基与高桩基础承载力之和,承台土反力分布与浅基础没有明显差别。

1961 年在中国浦口进行的模型群桩试验,模型群桩分为两组,每组 3×2 根桩,成矩形排列。桩为截面 20 cm×20 cm 的木桩,入土深 3.8 m。一组桩距为 3D(D 为桩宽),另一组为 4.5D。群桩试验在亚黏土中进行,当桩基沉降为 5 mm 时, 桩距为 3D 的桩基承载力为 230 kN,桩距为 4.5D 的桩基承载力为 340 kN。

1977 年,山东省黄河河务局在黄河下游粉土层中做了模型单桩和群桩试验,模型单桩 19 根,群桩共 21 组,桩数有 2 根、9 根、18 根 3 种,直径有 4.2 cm、8.9 cm、12.5 cm 和 17 cm 4 种。垂直荷载试验结果认为:群桩沉降比单桩大许多,所以按单桩沉降限制群桩是不宜采用的。水平荷载试验结果为:桩距同群桩效率之间存在线性关系。

1979 年,中国建筑科学研究院在亚黏土层中进行了模型单桩和群桩试验,单桩为木桩 3 cm×3 cm×160 cm(入土 144 cm)、3 cm×3 cm×120 cm(入土 108 cm)两种,桩基分桩数为 4 根、9 根、13 根、16 根、21 根、25 根共 6 种型式群桩桩基。通过试验做了如下分析:①群桩中单桩的承载能力;②群桩的承载能力及效率系数;③群桩对单桩的沉降比;④群桩的变形特性。

周福田对不同桩距的低承台桩基进行了一系列模型试验,通过对一定桩长、不同桩距低桩基础进行试验,结果表明:低桩基础的承载力达到极限时,承台反力远未达到浅基础那样的极限值;低桩基础的承载力为相应的高桩基础与浅基础承载力之和;桩径、桩长相同,整个桩基达到极限承载力时,承台反力随桩距的增大而增大;桩数、桩距相同,整个桩基达到极限承载力时,承台反力随桩长的增加而减小。

吴永红进行了不同桩距、不同桩长的模型对比试验。通过对试验结果进行分析认为:承台的存在改善了桩基的荷载沉降性能;桩端贯入变形明显存在,并且是衡量桩土能否共同作用的重要条件;桩间土分担荷载的比例,随桩数和桩长的增加而降低,随荷载水平的增长而提高;承台反力分布不均,外区较内区大。

杨克己等在试验的基础上,分析了同一种亚黏土中不同桩距、不同入土深度、不同排列形式和桩数,以及桩的不同设置方式等因素对桩台系统的影响,结果表明:当桩台系统的荷载沉降关系曲线变陡时,承台对桩上部阻力有消弱作用,对桩下部摩阻力有加强作用,且这种作用随桩距的增加而减少;在受荷过程中,土体所受荷载有滞后现象。

王幼青等在匀质粉性土的试坑内做了不同桩距、不同桩数的带台群桩、带台单桩、无台群桩和无台单桩的模型试验,得出以下结论:当桩数相同时,桩基极限承载力随着桩距和承台的增大而增大;在桩基中承台底地基土始终参与共同工作,承台承担荷载的比例随桩距和承台的增大而增大;桩基中单桩极限承载力高于无台单桩的极限承载力,但在相应极限承载力时,沉降也较大;群桩基础承受的荷载在各桩中并不是均匀分配的,角桩最大,边桩次之,中间桩最小;承台荷载分担比例随桩距的增大而增大。

黄河水利委员会和山东黄河河务局等单位在黄河下游泺口地区进行了大规模的小口径灌注桩试验,通过对不同桩长、桩径、桩间距、桩数、桩的布置方式,不同承台工作状态的桩筏基础进行的研究得出的结论有:带承台桩基的承载力大于无承台桩基的承载力;承台反力呈外沿大、内部小的双曲面形,且分布类型不受荷载变化的影响;承台反力与承台沉降的关系并非线性;承台参与工作使桩身上部摩阻力消弱而下部摩阻力得到加强;承台参与工作改善了群桩的荷载-沉降工作特性,但并没改变桩基的破坏形式,P-s 曲线呈缓变型,并未显示明显的转折点。

刘金砺等在山东济南进行了系统的野外群桩试验,于承台底埋设振弦式土压力盒对承台底土反力进行测试,测试项目包括不同桩径(0.125 m、0.17 m、0.25 m、0.33 m)、不同排列方式与桩数($1×2$、$1×4$、$1×6$、$2×2$、$2×4$、$3×3$、$3×4$、$4×4$)、不同桩距($2D$、$3D$、$4D$、$6D$)、不同桩长($8D$、$13D$、$18D$、$23D$)的群桩承台土反力,以及长期荷载下承台土反力的变化;在该试验的基础上,提出了计算承台土反力和承台分担荷载值的方法。他还在粉土地基中进行了不同桩径、不同桩长的单桩和双桩的现场模型试验,并且于 1989 年在软土地基中进行了桩材为钢管,桩径为 100 mm,钢管桩壁厚为 4 mm,桩长为 4.5 m,桩数分别为 $3×3$、$4×4$,桩距分别为 $3D$、$4D$、$6D$ 的高、低承台的部分挤土群桩的现场模型试验,研究群桩的几何参数、承台设置方式、荷载水平、土性、时间等因素对桩间土压缩变形和地基整体压缩变形的影响,桩沉降的相互影响,桩群外侧土的变形范围、压缩层深度、单、双、群桩沉降的相互关系等。

中国建筑科学研究院地基所与华北电力设计院等单位合作,进行了较系统的现场大比例模型试验。试验结论认为:低承台群桩的 P-s 曲线呈缓变型;软弱地基承台土反力与沉降大致呈线性关系,其分布呈马鞍形,且不随荷载增加而变化,承台荷载分担比随桩距增大而增大,承台对桩侧摩阻力有削弱作用,对桩端阻力有加强作用;低承台群桩的群桩效应系数一般接近或大于 1。

此外,童毓湘在上海近郊软黏土地基上进行了带台单桩、无台单桩及承台板的荷载试验,认为:桩土共同工作下,承台承担荷载的份额随外荷载的变化而变化;带台单桩可以比高桩和承台板承担更大的荷载;在相同荷载下,带台单桩的沉降小于单桩或承台板的沉降。

　　张武等以 5 组模型试验结果作为基础,分析了桩径、桩距和桩长等因素对桩筏基础沉降特征的影响,为后续桩筏基础的设计提供了建议。郑刚等在刚性桩复合地基中调整桩顶和筏板间的构造形式来进行模型试验,分析并总结了不同外部荷载下桩筏基础的沉降、桩-土荷载分担比以及桩-土荷载传递特性等规律。

　　通过桩基模型试验,研究了桩距、承台、桩长径比、成桩工艺及土的特性等因素对群桩侧阻力和端阻力、承台土反力、群桩沉降及其随荷载的变化、桩顶荷载分布等的影响,在桩端下土压缩层沿深度的分布、群桩周围土层变形分布、群桩桩端下土层影响深度、群桩周围土体变形影响水平范围,以及群桩破坏模式和破坏机制、群桩承载变形特性等方面,都获得了显著成果,为各种相关规范的制定提供了科学依据。

1.3.2.2　模拟试验研究现状

　　对桩筏基础的模拟试验研究主要用到有限单元法,有限单元法可以同时考虑多种因素,还可以模拟基础在承载过程中不同时期的状态。有限单元法最早的使用可以追溯到 1943 年,Courant 首次应用定义在三角区域内分片函数和最小位能原理来求解 St. Venant 的扭转问题。在随后的 1956 年,科研工作者首次成功使用了有限单元法,Turner、Clough 在分析飞机结构时运用到了有限单元法,在解决弹性力学平面问题时使用了钢架位移法并将其进一步扩展,在此基础上提出了使用三角单元来解决平面应力的问题。1960 年,Clough 在针对平面弹性问题时提出了“有限单元法”这个概念,使这个概念广为人知,并被科研工作者广泛采纳使用。King 和姚祖恩分别对空间框架、筏基(或独立基础)和三维非均质土体的有限单元做了简单介绍,并提出了以有限单元法分析空间框架-筏基-三维非均质土体系统相互作用基本原理,之后以 Larnach 用荷载传递系数法分析相互作用的典型框架为例子,对钢筋混凝土框架-独立基础-三维非均质土体系统进行了有限元分析,使有限单元法第一次运用到空间框架-独立基础-三维非均质土体系统相互作用的分析上。Poulos 在 1989 年对于桩基础的设计和研究方法进行概括时指出,在分析研究竖直方向荷载对于桩基的作用时,采用有限单元法更为有效;在采用有限单元法时,可以综合考虑下部土体的非线性特质,并且对于桩体贯入和成桩以后整体土体的固结效应和动力效应都能很好地进行模拟还原。Ta 和 Small 等用薄板有限元分析筏板,用解析形式的有限层法来分析土体,后将筏板单元划分为正方形单元,以将该方法应用到大型桩筏基础的分析中,为了减少模拟过程中的计算流程,通过使用拟合多项式的方法来表现每个单元形心处的位移,之后将这个方法延伸到了研究受横向荷载的桩筏基础。Russo 等在 1998 年用薄板有限单元法研究筏板时,通过使用双曲线荷载变形曲线来表示桩体的非线性工作性状,并用线弹性理论来研究分析桩筏基础中筏板、桩体和土体之间的共同作用,之后用拟合曲线的方式来确定各部位之间相互作用的系数,这样极大地减少了分析计算的时间。Griffths 等在 1991 年提出了一种有限元-弹性连续体-荷载传递法混合方法,使用不同的有限单元来模拟桩筏基础,筏板、桩体分别使用薄板单元、一维杆单元来模拟,在桩上的节点以荷载传递弹簧来表示上部荷载,不再考虑同一根桩上不同位置节点间的影响关系。

　　我国对于桩筏基础的模拟试验研究起步较晚,于 20 世纪 90 年代才开始投入研究。在几十年内,我国科研工作者在桩筏基础模拟试验研究方面做了大量工作,对桩筏基础的应力分布、沉降预测以及结构相互作用的有限元分析方法都有了深入了解。崔春义等在使用 ABAQUS 软件进行数值模拟研究时发现,上部结构的刚度对于基础的变形位移和承载情况影响有限,在超出范围后影响会变得很低,上部结构与基础之间相互作用而出现的次生应力应该得到更多重视。王丽使用 ABAQUS 软件进行模拟,分析研究桩筏基础在受不同方向荷载时桩、筏板及下部土体之间的相互作用关系。李天斌等通过 FLAC 3D 对绵遂高速某段填方地基的沉降规律进行了模拟研究。武莹使用 ANSYS 软件进行模拟,分析研究了上部结构在不同条件下对于下部桩筏基础整体承载性能和沉降特性的影响。

　　在近几年中,随着科学技术的发展,计算机的计算能力有了质的提升,得益于此,有限单元法得到了很好的发展,目前已经成了分析桩筏基础最常见的方法之一。有限单元法拥有普遍性强、推广性好和结果准确有效等众多优点,在当前也有多种多样的软件程序可供科研工作者选择使用。目前,适用范围较为普遍的有限元分析软件主要有 ABAQUS、PLAXIS、ANSYS 等。Wehnert 利用 ABAQUS 和 PLAXIS 两种不同的建模软件,对一个长短桩桩筏基础进行对比研究分析。Poulos 等利用 GARP 和 PLAXIS 有限元软件分析了位于韩国仁川的一个长短桩桩筏基础。Xie 等使用 ABAQUS 分析研究了某现存建筑的续建工程中下部长短桩桩筏基础的应用问题。

1.4　研究目的及主要工作

1.4.1　研究目的

　　随着商业化、工业化、城市化的发展,高层建筑日益增多,桩筏基础是高层建筑广泛采用的一种基础形式。在桩筏基础的设计过程中,传统的设计方法认为,上部结构的荷载全部由桩来承担,而不考虑桩间土对承台的反力作用,桩将上部结构的荷载传到桩端较好的持力层上,承台只起连接桩顶和传递上部荷载的构造作用。事实上,上部荷载是由桩、承台和地基土三者共同承担的,如果忽略三者的共同作用就会造成巨大的浪费。共同作用的实质就是突破弹性分析范围进行非线性分析,以研究和确定桩土与承台结构整体承载力和沉降量为目的的计算方法,以期取得显著的经济效应。

　　对于摩擦桩基,桩顶荷载的大部分通过桩侧阻力传递到桩侧和桩间土层中,其余部分由桩端传递到桩端土层中。由于桩端的贯入变形和桩身的弹性压缩,对于低承台群桩,承台底也产生一定的土反力,分担一部分荷载,因而使得承台底面土、桩间土、桩端土都参与工作,群桩的工作性状趋于复杂。群桩中任一根基桩的工作性状明显不同于独立的单桩,群桩承载力将不等于各单桩承载力之和,群桩效率系数可能小于 1,也可能大于 1,群桩沉降也明显地高于单桩,这就是所谓的群桩效应。

　　群桩效应与土性、桩距、桩长、桩数、成桩方式等许多因素(尤其是桩距)有关。群桩效应具体反映于以下几方面:群桩的侧阻力、群桩的端阻力、承台土反力、桩顶荷载分布、群桩沉降及其随荷载的变化、群桩的破坏模式等。

群桩的侧阻力只有在桩土间产生一定的相对位移的条件下才能发挥出来。当桩距较小时,群桩中桩间土被相邻桩裹挟着,相互之间限制着对方的相对位移,近似地成为一个实体基础,从而阻碍了桩侧阻力的充分发挥;同时,由于相邻桩的桩侧剪应力在桩端平面重叠,导致桩端平面土应力水平提高,压缩层加深,因而使群桩的沉降量和延续时间大于单桩。当桩距增大时,群桩中桩间土竖向位移受相邻桩影响小,桩土间能产生较大的相对位移(承台底局部范围除外),因而有利于桩侧摩阻力的充分发挥,同时有利于桩间土反力的发挥。

近些年来,国内外岩土工程界对桩筏共同作用问题做了大量的工作,取得了一定的研究成果,桩筏共同承担上部荷载,在学术界和工程界已经达成共识。但是由于问题的复杂性,在把这一理论应用于工程中时却出现了较大的分歧,目前为止尚未形成一套系统的理论和简便实用的计算方法。因此,有必要进行更加系统的分析和研究。

桩-承台-地基土之间的相互作用是很复杂的,其潜在的经济效益和社会效益并未得到充分发挥。目前,还缺乏充分的资料使得在设计中能够方便地考虑这种作用。因此,本书在前人研究成果的基础上,继续就这一问题进行深入的研究,并在实验室进行了桩筏基础的模型试验研究,以增进对于考虑相互作用时桩筏基础承载力的认识,以便指导及优化设计,给广大设计人员在进行桩筏基础设计时提供指导和建议,使得桩筏基础的设计更符合其实际的工作性状。

1.4.2　主要工作

根据工程实践的需要和目前对桩筏基础的研究现状,本书所依托的课题做了以下几方面的工作:

(1)查阅了大量的文献资料,对本书所涉及的专业知识进行了学习和研究,对搜集的中文及外文文献进行总结和概括,整理了当前国内外与本书所依托的课题相关的研究成果和进展情况。

(2)设计并制作了试验所用的模型箱,在均质砂土层中进行带承台 4×4 群桩的模型试验,包括不同的桩长($L = 500$ mm、700 mm),不同桩距($S = 4D$、$6D$),不同桩径($D = 16$ mm、25 mm);在试验中,测试不同部位桩顶、桩底、桩间土应力变化情况,分析群桩的工作机制,探讨群桩承台极限承载力的取值标准,重点研究不同桩长下桩筏基础的工作性能及极限承载力。

(3)桩筏基础沉降及受力特点研究。运用缩尺模型对桩筏基础进行加载试验,探究桩筏基础随荷载变化的沉降及受力变化规律,对桩筏基础沉降特点、不同位置桩顶反力、不同位置筏板基底反力进行了系统分析比较,对桩筏基础随荷载增加的变形及受力规律作了系统总结。

(4)锚杆静压桩不同桩位布置对沉降控制和基础反力变化的影响。选取了锚杆静压桩加固方法进行了缩尺补桩加固加载试验,研究了不同的补桩桩位布置下筏板沉降、桩顶反力、筏板基底反力的变化规律,对比不同补桩位置减少筏板沉降的效果,总结了更好发挥减沉效果的补桩定位原则。

（5）对缩尺试验进行足尺数值模拟,并对常见的桩筏基础不均匀沉降控制方法的控沉效果进行数值模拟比较。以 Midas GTS NX 岩土数值模拟软件结合本构模型和参数的选取介绍了数值模拟的建模流程,对桩筏基础地基的沉降受力特点、桩筏基础补桩加固后的控沉效果、桩筏基础地基土注浆加固的控沉效果及增补筏板厚度加固的控沉效果进行了数值模拟分析,归纳了各种模拟情况的受力和变形机制,对各种加固方法的控沉效果及实施要点进行了总结。

（6）探讨了桩筏基础的优化设计。

第 2 章　桩筏基础共同工作机制

2.1　概　述

随着我国经济的快速增长以及改革开放所取得的巨大成就,高层建筑更是像雨后春笋一般纷纷出现。高层建筑的主要特点是层数多、高度高、荷载大。由于建筑物高耸,不仅竖向荷载大而集中,而且风荷载和地震荷载引起的倾覆力矩成倍增长,因此要求基础和地基提供更高的竖向与水平承载力,同时把沉降和倾斜控制在允许的范围内,并保证建筑物在风荷载与地震荷载下具有足够的稳定性。桩筏基础具有承载力大、深层受力沉降小、可增加土体稳定性、调节不均匀沉降能力强等诸多优点,从而成为高层建筑常用的基础形式。桩筏基础是桩基与筏基的有机结合。一方面,筏基参与分担荷载,使得桩数减少,筏板厚度降低,节省了材料;另一方面,桩对筏板变形有约束作用,桩的存在提高了筏基抗剪刚度,其整体工作情况与筏板基础较为接近。

桩筏基础中,承台–桩–土共同承担上部荷载已成为工程界的共识,但是垂直荷载作用下桩与承台共同作用问题的影响因素众多,其机制也十分复杂,尽管近 20 年来这一问题得到了国内外土力学与基础工程界的高度重视,并在理论分析、室内及现场试验研究以及工程实测等方面做了大量工作,取得了重大进步,但迄今为止尚未形成一套比较完整、合理的理论体系,尤其在设计理论方面,已提出的一些实用设计方法多数都不够理想,或过于粗略或过于烦琐,因而在工程实践中应用较少。目前,工程中普遍采用的设计方法还是常规的方法,造成了基础工程普遍的浪费现象:由于受到刚性基础理论的影响,基础底板普遍过厚,底板配筋量过大;工程桩通常按均匀、满堂布置,不考虑群桩中各单桩的实际受力分布,也不考虑土的分担作用,以致桩数普遍过多。

在桩筏基础的设计中,充分利用桩间土的承载力,可以减少桩的数量,降低桩筏基础的造价,提高经济效益,因此有必要对高层建筑桩筏基础共同作用机制进行深入的研究分析。

2.2　桩的工作性状分析

2.2.1　单桩的荷载传递

对于单桩,荷载一旦施加于桩顶,上部桩身首先发生压缩而向下位移,于是桩侧面受到土的向上的摩擦阻力作用。荷载在向下传递的过程中必须不断地克服这种摩擦阻力,且通过发挥出来的摩擦阻力传递到桩周土层中,因而桩身轴向力 N_z 沿着深度而逐渐减少直至桩端。N_z 与桩端阻力 Q_p 相平衡,同时使桩端土发生压缩从而促使桩身进一步下沉,促使桩侧摩阻力进一步发挥。一般来说,由于桩身弹性压缩量的产生,上部桩身的下沉总是大于下部。因此,上部桩身的侧摩阻力总是先于下部而发挥出来;上部桩身的侧摩阻力达到极限之后,随着荷载的增加,下部桩身的侧摩阻力将逐步调动起来,直至整个桩身的侧摩阻力全部达到极限,继续增加的荷载就全部由桩端土承受,最后桩端阻力也达到极限承载力。此时,如果荷载继续增加,那么桩便发生急剧的、不停滞的下沉而破坏。桩侧摩阻力与桩端阻力的发挥过程实际上就是桩土体系的荷载传递过程。

　　由前文可知,桩侧摩阻力和桩端阻力传递荷载是有条件和先后顺序的。同样,桩身内力也是上大下小逐渐变化的。对于端承桩,因为桩侧摩阻力很小,桩顶竖向荷载基本上由桩端阻力承担,同样内力也是上下一致的。

　　桩土体系荷载传递分析如图 2-1 所示。

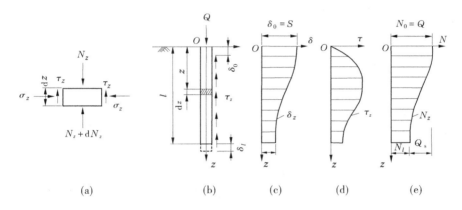

图 2-1　桩土体系荷载传递分析

由图 2-1 可以看出,任一深度 z 处桩身截面的荷载为:

轴力:
$$N_z = Q - u_p \int_0^z \tau_z \mathrm{d}z \tag{2-1}$$

竖向位移:
$$\delta_z = S - \frac{1}{A_p E_p} \int_0^z N_z \mathrm{d}z \tag{2-2}$$

由深度 z 处桩段微元 $\mathrm{d}z$ 上竖向力的平衡条件:
$$N_z - \tau_z u_p \mathrm{d}z - (N_z + \mathrm{d}N_z) = 0 \tag{2-3}$$

可得桩侧摩阻力 τ_z 与桩身轴力 N_z 的关系为:
$$\tau_z = -\frac{1}{u_p} \frac{\mathrm{d}N_z}{\mathrm{d}z} \tag{2-4}$$

微分段 $\mathrm{d}z$ 的压缩量为:
$$\mathrm{d}\delta_z = -\frac{N_z}{A_p E_p} \mathrm{d}z \tag{2-5}$$

故
$$N_z = -A_p E_p \frac{\mathrm{d}\delta_z}{\mathrm{d}z} \tag{2-6}$$

代入式(2-4)得:

$$\tau_z = \frac{A_p E_p}{u_p} \frac{\mathrm{d}^2 \delta_z}{\mathrm{d}z^2} \tag{2-7}$$

式中　A_p——桩身截面面积，m^2；

　　　　E_p——桩的弹性模量，MPa；

　　　　u_p——桩身横截面周长，m。

式(2-7)就是桩土体系荷载传递分析计算的基本微分方程。

单桩极限承载力 Q_u 由桩侧摩阻力 Q_s 和桩端阻力 Q_p 组成，可表示为：

$$Q_u = Q_s + Q_p \tag{2-8}$$

单桩静载荷试验时，除测定桩顶荷载 Q 作用下的桩顶沉降 S 外，若通过沿桩身若干截面预先埋设的应力量测元件获得桩身轴力 N_z 分布图，则可利用式(2-2)及式(2-7)作出截面位移 δ_z 和桩侧摩阻力 τ_z 的分布图。

2.2.2　群桩的工作特点

由端承型桩组成的群桩，通过承台分配到各桩桩顶的荷载，大部分或者全部由桩身传递到桩端。由于桩端持力层硬度较大，各桩贯入变形很小，因而承台土反力较小，承台分担荷载的作用一般不予考虑。由于通过桩侧摩阻力传到桩周围土层的应力很小，因此群桩中各桩的相互影响很小，其工作性状和独立的单桩相近，因此端承群桩的承载力可近似地取为各单桩承载力之和，即群桩效应系数可近似取 1。

由摩擦型桩组成的群桩，在竖向荷载作用下，群桩、承台、桩间土、桩端以下土都参与工作，这样群桩–承台–土就形成了一个共同工作的整体。群桩体系中每根桩与孤立的单桩相比在传力机制、变形特征等方面存在着不同，一般群桩承载力并不等于单桩承载之和。群桩中的每根单桩都通过桩侧摩阻力及桩端阻力向桩周土和桩端以下土层传递荷载，由于桩侧摩阻力的扩散作用，导致群桩中各单桩传递的应力在靠近桩端和桩端平面以下重叠到一起，加大了附加应力。群桩中的单桩受到邻桩的影响，其工作性状明显不同于孤立的单桩，沉降要大于单桩，承载力不等于单桩承载力之和，群桩效应系数不等于 1。根据一些学者的研究，一般认为桩端平面以下土压力的应力分布特征类似于浅基础，中间较大，两边逐渐减小，且附加应力扩散到基础平面以外。

2.2.3　群桩的荷载传递分析

对于带承台的低承台复合桩基来说，由于承台下地基土的接触应力的存在，承台底土产生反力，分担一部分荷载，从而使得承台底面土、桩周土、桩端土都参与工作，形成承台、桩、土相互影响，共同工作。因而工作性状、荷载传递均趋于复杂，明显不同于独立单桩，桩侧摩阻力、桩端阻力都有所变化，具体变化如下：

(1)在承台的压力作用下，由于桩与承台的共同作用，且承台与桩顶同步沉降，所以承台限制了桩上部局部范围内桩与土的相对位移，影响了基桩上段侧摩阻力的充分发挥，即对侧摩阻力产生"削弱效应"，从而改变了荷载传递过程。侧摩阻力的发挥不像单桩开始于桩顶，而是桩身中、下部首先达到极限值，然后随着荷载的增加，从桩身中、下部开始逐步向上、向下发展，同时随着承台下土压缩量增加，桩身侧摩阻力逐步达到极限值。

（2）在承台压力作用下，桩侧土有效覆盖压力产生一个增量，它是承台压力传给桩侧土的附加应力。在该压力的作用下，桩周土被压密，使桩身法向应力也产生增量，最终使单位桩侧摩阻力随之产生增量，从而可提高桩的侧摩阻力。

（3）由于承台下的土承担部分荷载，其压应力传至桩端平面，使得桩端平面上有效覆盖压力增大，产生端阻力增量。有效单位覆盖压力增量的分布为中间大、两边小。

（4）承台与其下地基土接触，在竖向荷载作用下，承台下的土产生反力，即承台上部分荷载直接传到承台下的土中，从而可直接承担一部分荷载。已有的试验结果表明，反力分布外缘大，靠桩处的内部小，呈马鞍形分布。

2.2.4　群桩的沉降特性

软弱地基中群桩的沉降特性和地基中的应力分布特性密切相关。筏板将荷载分配到板底地基和群桩中，板底地基和群桩又将荷载往地基的内部传递，其中大部分荷载传到了桩端。桩群的沉降分成两部分，即桩端沉降和桩间土压缩。这两部分沉降的比例构成与荷载水平、桩距、桩数、土层条件等因素有关。宰金珉在《桩土明确分担荷载的复合桩基及其设计方法》中指出：摩擦群桩中桩端沉降（S_b）占总沉降（S）的比例随着桩数增加而增加，桩数较少时，S_b/S 较小；而当桩数较多时，S_b/S 较大，群桩沉降桩端下卧层的压缩，当采用常规桩（$S_a/S=3$）时，S_b/S 也达到 65%。半刚性复合地基性状研究同样表明，桩间土的压缩随着桩数的增加而减小，当桩数达到一定程度时，桩间土的压缩占总沉降的比例很小。

杨敏等在分析桩筏基础下地基中的应力场时同样发现：对于刚性桩，沉降比 S_{rav}/S_{av}（桩身范围内土层的压缩量在总沉降中的比例）受桩数的影响很大，随桩数的增多，沉降比迅速减小，并趋于稳定（见图 2-2）。

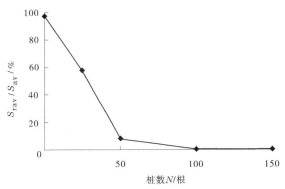

图 2-2　桩筏基础的沉降比与桩数的关系曲线

由图 2-2 可以看出，桩数较少时，桩侧土中的附加应力很大，基础的沉降主要是桩身范围内土层的压缩，沉降比很大；增加桩数，土的接触压力迅速减小，上部土层中的应力被传递到桩端以下土层，从而使桩身范围内土层的压缩量大大减少，而桩端以下较硬土层的压缩量也相应有所增大，沉降比减小很快；桩数较多时，群桩中部分桩处于弹性状态，群桩基本上承担了大部分的上部荷载，并将其向下传递，桩筏基础的沉降得到了有效的控制，沉降主要为桩端以下土层的压缩,总沉降量比较小;继续增加桩数,可进一步将土承担的那部分荷载传递到桩端以下土层,沉降比仍有减小;当桩数增加到一定程度时,大部分桩在弹性状态下工作,桩身范围内的附加应力较小,桩筏基础的沉降基本上就等于桩端以下土层的压缩量,桩身范围内土层的压缩量近似认为等于桩杆件的压缩,它在总沉降中所占的比例甚微,沉降比基本上趋于 0。

2.3　高层建筑桩筏基础的共同作用

2.3.1　桩筏基础共同分担建筑物荷载的机制

建筑物基础在实际工作中桩和筏板基础共同分担建筑物荷载,即建筑物荷载除由桩来承担外,筏板也可分担部分荷载。桩筏基础共同分担建筑物荷载的问题,实质就是群桩、承台和土体的共同作用问题,群桩与承台和土体相互之间存在着交错复杂的影响因素,是一个相当复杂的问题。根据共同作用分析,一般可把桩筏基础共同作用的机制阐述如下:

桩与桩间土的竖向变形示意图见图 2-3,δ_i、s_i 分别为桩和桩间土的竖向变形分量。

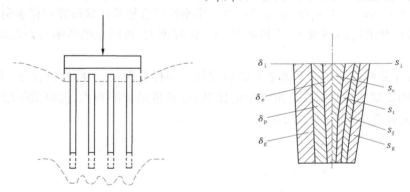

图 2-3　桩与桩间土竖向变形示意图

实际工作中,桩筏基础桩与桩间土竖向变形是相等的,即

$$\delta_e + \delta_p + \delta_g = s_c + s_t + s_f + s_g \tag{2-9}$$

式中　δ_e——桩身弹性压缩;

δ_p——桩端贯入变形;

δ_g——由于桩端平面以下土的整体压缩而引起的竖向变形;

s_c——桩间土由于承台作用而产生的压缩变形;

s_t——桩间土由于沉桩过程产生的超孔隙水压消散而引起的自重再固结变形;

s_f——桩间土由于桩侧剪应力作用而引起的竖向变形,或称"牵连变形";

s_g——由于桩底平面以下地基土整体压缩而引起的竖向变形。

由于 $\delta_g = s_g$,所以:　　　　　$\delta_e + \delta_p = s_c + s_t + s_f \tag{2-10}$

由此得承台对桩间土的压缩变形为:

$$s_c = \delta_e + \delta_p - (s_t + s_f) \tag{2-11}$$

当 $s_c>0$ 时：

$$\delta_e + \delta_p > s_t + s_f \tag{2-12}$$

由式(2-12)得出筏板与地基土发生接触变形出现土反力的基本条件:不等式成立时,板筏与地基土保持接触状态;反之,则为脱离状态;而桩底平面以下土的整体压缩不影响地基土反力。

由式(2-12)可以分析建筑物施工及使用过程中桩筏基础共同作用的情况:

第一阶段:在建筑物施工期间和使用早期,即加载的初级阶段,地基土尚未出现自重固结,$s_t \approx 0$,此时 $\delta_e+\delta_p>s_f$。基底与地基土保持接触,这时桩与筏共同来分担建筑物荷载。

第二阶段:随着时间的推移,打桩时引起的孔隙水压力逐渐消散,到某一时间内,由于孔隙水压力消散引起的基底土的固结大于桩的沉降,此时 $\delta_e+\delta_p<s_t+s_f$。基底与地基土脱离,建筑物的荷载全部由桩来承担。

第三阶段:由于建筑物荷载已全部转移并由桩承担,建筑物的沉降将会不断增加。通常,此时建筑物的沉降速率要比孔隙水压力消散的速率大,这样经过一定的时间,$\delta_e+\delta_p>s_t+s_f$,基底可能与地基土再度接触,建筑物荷载又由桩与筏共同来分担。

第四阶段:在上一阶段,地基土与基底再度接触,由此桩承受的荷载减少,建筑物的沉降速率相应减小。由于孔隙水压力完全消散需要的时间很长,当孔隙水压力消散引起地基土的沉降大于建筑物的沉降时,则基底与地基土再度脱离,此时,建筑物的荷载再度由桩单独承担。

第五阶段:打入土的桩,其承载力随时间而增长,因此如果此时基底与地基土脱离,而桩已有足够的承载力单独地承担建筑物的荷载,那么,基底与地基土将以脱离与接触的循环形式继续下去,直至建筑物的沉降稳定。

桩间土能否承担建筑物荷载的必要条件是:仅当桩端的贯入变形大于或等于桩间土的压缩量,并减去桩身压缩量时才能存在,亦即仅当箱或筏与桩间土不脱开的情况下才存在。

从上述桩筏基础工作过程的分析来看,对打入桩来讲,如果按通常的强度理论进行桩基础设计,即建筑物的全部荷载由桩承担,当桩的承载力随时间增长而达到设计强度时,无论此时基底是否与地基土接触,都可能会产生筏板不承担建筑物的荷载或分担很少荷载的现象,浪费了筏板的承载能力,或者使设计中桩基的承载能力没有得到充分的发挥。事实上筏板下土反力的大小及其分担建筑物荷载的作用在一定条件下是十分显著的。

2.3.2　桩筏基础筏板分担荷载的作用

桩筏基础筏板下土反力主要是因桩端产生贯入变形、桩间土出现相对位移而产生的。桩身弹性压缩也引起少量桩土相对位移而出现一部分土反力。筏板分担荷载比例变化较大,这主要是诸多影响因素综合作用的结果,影响桩筏基础土反力的大小及其分担荷载比例的主要因素如下:

(1)桩端持力层性质。若桩端持力层刚度提高,桩的贯入变形减小,则桩筏基础的土反力也减小,桩顶荷载增大,承台分担比例将显著下降。对短嵌岩桩,筏底土反力可认为等于零。

（2）承台底土层性质。桩间土，特别是承台底部土层的变形性质对承台的分担比影响很大。桩间土越软，分担比越低。土的压缩性越低，强度愈高，承台底土反力愈大。若承台底面存在适当厚度的硬土层，即使下面的桩间土很软弱，承台亦可起一定的分担作用，这主要是"块体效应"所致的。若承台底面土层软弱，尽管桩的贯入变形很大，产生的土反力也不会大。若承台底面地基土层为欠固结状态，则可能随着土的固结而使土反力逐步减小甚至消失。

（3）桩距。摩擦群桩承台下土的荷载分担比随桩距的增大而增大。桩距较小时，桩间土受邻桩影响而产生的"牵连变形"（桩侧土因受桩侧摩阻力的牵连作用产生的随与桩侧表面距离增大而衰减的剪切变形）较大，导致承台底土反力减小。同样的原因，桩群外部的承台底面土受桩的干涉作用远小于群桩内部，所以桩群外围承台下土反力值及其分担荷载作用较内部大。

（4）桩长。筏板分担作用一般随桩长的增加而下降，这是由于在同样桩距下，桩越长则桩间土应力迭加越强烈。但若桩太短，筏底土反力形成的压力泡将包围整个桩群，桩侧摩阻力将出现"沉降软化"效应，导致桩的承载力降低，筏底土反力和分载比将相应提高。

（5）桩群内外的筏板面积比。由于桩群外部的筏板底面土受桩的干涉影响作用远小于桩群内部，若桩群外部的筏板底面积所占比例较大，则筏板底面土反力总值及其分担的荷载就越多。

（6）荷载水平。承台分担作用随桩端贯入变形（包括桩端土的压缩和塑性挤出）增大而增大，而桩的贯入变形随荷载水平提高而增大。因此，承台的荷载分担比随着荷载水平的提高而上升。

（7）沉桩的挤土效应。对于饱和黏性土中的打入式群桩，若桩距小、桩数多，则超孔隙水压力和土体上涌量随之增大，承台浇筑后，处于次固结状态的重塑性土体逐渐再固结，致使地基土与筏板脱离，并将原来分担的荷载转移到桩上，使筏底土反力降低。而钻孔桩成桩时，对周围的土影响较小，以此引起的孔隙水压力就小，固结变形也小，筏板分担的荷载就大。

（8）基础埋深。对灌注桩而言，当采用先成桩后开挖基坑时，基桩开挖引起的土体回弹受到桩体约束，此时桩间土有向上隆起的趋势，桩承受拉力；随着基坑开挖深度增加，则桩间土隆起量增加；在施加荷载初期，桩与土体共同承载，土体产生再压缩。在此过程中，桩间土再压缩使得筏底土体承载，桩土的整体再压缩所分担的荷载由桩和土共同承受，此时桩分载较小。随着竖向荷载的继续增加，筏底接触压力逐步增加，作用于桩的力也逐渐由拉力变成压力。埋深（开挖深度）越大，隆起也越大，筏底地基土分担荷载比例也越高。

2.3.3　筏底群桩的相互作用

2.3.3.1　相互作用的内涵

冯国栋、刘祖德曾根据室内外模型试验和原型观测，将筏底群桩相互作用的内涵概括为7个方面：

（1）承台限制了桩的上段与地基土的相对位移，对桩上段侧摩阻力的发挥存在"削弱作用"。

（2）群桩的存在约束了筏底地基土的侧向挤出变形，群桩对地基土存在"遮挡作用"。

（3）对有内摩擦特性的基土（如粉黏土或粉质黏土），由于承台下所产生的土中应力能增加桩端地基土的承载能力，也能增加桩土间侧壁法向应力和摩擦阻力，因此承台对基桩存在"加强作用"。

（4）承台与桩为刚性连接时，承台的刚度还决定着桩顶的固端特征，从而加强了"遮挡作用"，同时，承台底面与土间的摩擦阻力也限制基土外挤。

（5）由于"遮挡作用"，桩本身也产生附加弯矩。

（6）由于桩相对于土的不可压缩性，桩顶与承台同步下沉时，正摩擦力使桩对土存在"下曳作用"。

（7）刚度较大的承台迫使各桩同步下沉，使各桩的桩顶荷载互不相等，一般角、边桩的桩顶荷载比中心桩的大。

由于筏对桩的"削弱、遮挡、加强"三大作用，共同作用下桩的位移与荷载传递过程与单桩不同，且较单桩更为复杂。桩与筏板及承台下土体在共同作用承载的过程中，始终是既相互依存又相互制约、既相互影响又相互矛盾的一个总支承体系的两个方面。上述作用既有有利作用又有不利作用，大量试验实测结果和数值模拟均表明，对于大间距（例如 $5D \sim 6D$ 甚至更大）疏布并且基桩工作荷载接近极限荷载的复合桩基，不利作用几乎都被改善或完全消除。

刘金砺等通过对钻孔群桩工作机制与承载能力的试验研究，系统地总结了在竖向荷载作用下，由承台连接的摩擦群桩，其桩侧摩阻力、桩端阻力、桩顶荷载及破坏模式等的影响因素；尤其是所表现出的与单桩完全不同的承载与沉降特性，即群桩效应问题。

2.3.3.2　群桩桩侧摩阻力和桩端阻力的影响

桩侧摩阻力和桩端阻力只有在桩与桩间土发生一定的相对位移条件下才可能得到充分发挥，而影响桩侧摩阻力和桩端阻力发挥的因素很多，主要有以下几个方面：

（1）桩距的影响，若桩距减小，桩间土竖向位移因为受到相邻桩的影响而增大，桩与土之间的相对位移也随之减小，导致桩侧摩阻力不能充分发挥，桩端阻力就增大，同时由于桩距减小，桩端土侧向受邻桩的相互制约也大，亦使桩端阻力增大。因此，桩侧摩阻力和桩端阻力随桩距的变化而导致不同的结果，设计时需根据实际桩的类型合理分析。

（2）承台的影响，对于单桩，一旦荷载施加于桩顶，上部桩身首先发生压缩而产生向下的位移，于是桩侧受到土摩阻力的作用，荷载在向下传递的过程中必须不断克服这种摩阻力，因而桩身所受轴向力 N_z 沿着深度逐渐减小，及至桩端，N_z 与桩端土反力相平衡，使桩端土发生压缩，致使桩身进一步下沉，而使桩侧摩阻力进一步发挥；随着荷载的逐渐增加，桩侧摩阻力是自上而下逐步发挥的。群桩的荷载传递过程与单桩不同，承台底面压力使上部桩间土压缩，从而限制了桩群上部桩土的相对位移，使整个桩群的桩侧摩阻力减小，以致等于零，摩阻力主要发生于下部桩身；随着桩群沉降的发展，上部桩侧的摩阻力才得以逐步发挥。对于桩端阻力，承台土反力传递到桩端平面，可减小主应力差（$\sigma_1 - \sigma_3$），承台还限制了桩土的相对位移，减小桩端土的侧向挤出，从而提高桩端阻力。

（3）土性与成桩工艺的影响，对于打入桩，因桩的相互制约而使桩间土和桩端土的挤密效应更明显,从而提高桩侧摩阻力和桩端阻力;对于加工硬化型的土(如非密实的粉土、砂土),在群桩受荷变形过程中,桩间土由于剪切、压缩,强度提高,并对桩侧表面产生侧向压力,从而使桩侧摩阻力增大。

2.3.3.3　群桩桩顶荷载的分配

群桩桩侧摩阻力因群桩效应而产生的变化综合反映到桩顶荷载的分配。对于刚性承台,群桩桩顶荷载分配的一般规律是中心桩最小、边桩次之、角桩最大,影响桩顶荷载分配特性的主要因素如下:

(1)桩距。当桩距超过常用桩距后,桩顶荷载分配的差异随桩距增大而减小。

(2)桩数。桩数越多,桩顶荷载的差异就越大。

(3)桩长。增大桩长时,桩顶的反力要发生重分布,荷载趋向角桩和边桩,内部桩的反力相对减小。因此,对于均质土而言,并非桩越长越好,需要进行比较分析,合理地确定桩长,才能有效地发挥桩长的作用。

(4)承台与上部结构刚度。上部结构刚度的变化对桩顶反力的分布有很大的制约作用,在上部结构空间刚度还没有充分形成时,各桩的桩顶反力变化比较平缓,角桩、边桩、内部桩受力大小差别不大;当上部结构刚度开始形成时,各桩的桩顶反力有比较明显的增加,其中角桩增加最快,边桩次之,内部桩增长较缓,桩顶荷载的差异随上部结构刚度的增大而增大。而对于绝对柔性的承台,桩顶荷载趋于均匀分配。

(5)土性。对于加工硬化型土,在常用桩距条件下,桩侧摩阻力在沉降过程中因桩土相互作用而提高,而内部桩桩侧摩阻力的增量大于角桩、边桩,因而可出现桩顶荷载分配趋向均匀的现象。

2.3.3.4　群桩的破坏模式

群桩的破坏模式包括群桩侧阻破坏模式和群桩端阻破坏模式。前者包括整体破坏(或块体破坏)和非整体破坏(或各桩单独破坏)两种,整体破坏时桩土形成的整体如同实体基础,桩侧摩阻力破坏面发生于桩群外围;非整体破坏时各桩的桩土之间产生相对位移(剪切),侧摩阻力破坏发生于各桩侧面。端阻破坏包括整体剪切、局部剪切和冲剪破坏3种,其中整体剪切发生于密实土层中的短桩,局部剪切和冲剪破坏发生于桩的埋深较大和土压缩性较高的情形。

第 3 章　桩筏基础承载力模型
试验设计与实施

3.1　概　述

在桩基工程中,由于进行群桩或单桩的原型试验需要花费大量的人力、物力和时间,或因场地条件或其他因素的限制无法进行原型试验,在这种情况下,模型试验成为研究、探索和解决问题的一种有效方法。

桩的模型试验是根据桩基的实际工作状态,进行合理全面的构思,建立与原型具有相似性规律的模型,借助科学仪器和设备,人为地控制试验条件,研究桩基在某一或某些情况时的受力变形特性的试验。它在桩基工程技术的研究应用、设计及施工阶段都占有重要地位。它不仅为桩基础的理论研究提供试验数据和试验论证,而且为工程设计提供依据进而指导工程实践。

3.2　模型试验设计

3.2.1　试验目的

桩-承台-地基土之间的相互作用是很复杂的,当前,可供使用的计算分析方法还处于研究探索之中,不同程度地存在计算复杂、理论性太强、许多因素不能准确考虑等缺陷,以致在设计中不能方便地考虑这种作用。为此,本书进行了桩筏基础的室内模型试验研究,研究桩土共同作用的工作机制及砂土中桩筏基础的破坏模式,并探讨桩筏基础极限承载力的取值标准,以增进对于考虑相互作用时桩筏基础承载力的认识,以便指导设计,使得桩筏基础的设计更符合其实际的工作性状,取得较大的经济效益。本次模型试验拟测出以下项目:

(1)桩筏基础特征部位桩,如角桩、边桩、中心桩的桩顶反力分布。

(2)桩筏基础的筏底土反力分布及其荷载分担比例的变化;桩的荷载分担比例的变化。

(3)桩筏基础特征部位桩,如角桩、边桩、中心桩的桩身轴力和桩侧摩阻力沿深度变化及相应的桩端阻力。

(4)桩筏基础的荷载沉降关系曲线。

(5)桩筏基础的极限承载力。

完整的试验资料可供其他学者做进一步的分析研究。

3.2.2　研究内容

（1）在均质砂土层中进行群桩承台载荷试验，获得各种情况下完整的 $P\text{-}s$ 曲线，s/b 应大于 0.1，包括不同的 $S/D(S/D=4、6)$，不同的 $L/b(L/b=1.75、1.25)$，其中 L 为桩长，b 为承台宽度，S 为桩间距，s 为沉降量，D 为桩径。

（2）在试验中，测试不同部位桩顶、桩底、桩间土应力变化情况，分析群桩的工作机制。

（3）探讨群桩承台极限承载力的取值标准。

（4）研究砂土中桩筏基础的整体破坏模式，探讨由桩筏基础的整体破坏所确定的极限承载力与变形所确定的极限承载力之间的区别。

3.2.3　试验方案

为了完成研究内容，实现研究目标，结合以往经验，本试验采用如下研究方案：

（1）试验在模型箱内进行，模型箱尺寸为 120 cm×120 cm×120 cm，模型箱 4 个侧面采用有机玻璃制作。

（2）用 PVC 塑料棒来模拟桩，采用埋入式植桩方法消除挤土效应。桩长采用 700 mm 和 500 mm 两种，直径为 16 mm、25 mm，每次试验桩的位置不变，承台板面积不变，通过改变桩的直径来调整桩的间距，试验共分 4 组。

（3）群桩排列方式为 4 根×4 根。

（4）设置模型桩时，在土中靠玻璃表面埋入变形观测点，采用摄影测量的方法观测试验过程中砂土的变形并以此来判断桩筏基础的破坏模式，以便与 $P\text{-}s$ 曲线判断的破坏点进行对比。

3.2.4　试验设备

3.2.4.1　模型箱

模型箱尺寸为 120 cm×120 cm×120 cm，模型箱框架用角钢制成，4 个侧面采用有机玻璃制作，并把距桩基较近的两个侧面沿横向焊上三道角钢予以加固，如图 3-1 所示。

3.2.4.2　模型桩

采用 PVC 塑料棒来模拟桩，采用埋入式植桩方法消除挤土效应。桩长采用 700 mm 和 500 mm 两种，直径为 16 mm 和 25 mm。实测其弹性模量为 $1.089×10^3$ MPa。

3.2.4.3　承台

承台模型采用钢板，厚度为 16 mm，尺寸为 400 mm×400 mm。

3.2.4.4　反力装置

桩的静载试验加载反力装置可根据现场条件选择锚桩横梁反力装置、压重平台反力装置、锚桩压重联合反力装置、地锚反力装置、岩锚反力装置、静力压桩机等。加载反力装置能提供的反力不得小于最大加载量的 1.2 倍，在最大试验荷载作用下，加载反力装置的全部构件不应产生过大的变形，应有足够的安全储备。

结合本试验的特点及实验室现有的设备情况，决定采用实验室已有的锚桩横梁反力装置(见图 3-2),该反力装置能够提供足够大的反力。

图 3-1　模型箱示意图

图 3-2　反力装置

3.2.4.5　加载装置

本次试验中,为了充分利用实验室现有的仪器设备,简化试验准备过程而采用液压千斤顶进行加载。加载机采用瑞士生产的 Amsler 脉冲试验机(见图 3-3),该仪器于 1966 年引进,主要用来对结构构件进行波动应力疲劳试验或静载荷试验,静载荷试验时可多点同步加载,同时具有荷载保持功能。主要技术指标如下:

(1)脉冲量:400 cm³/次。

(2)频率:200~800 次/min,无级调速。

(3)脉冲千斤顶:50 kN/100 kN、100 kN/200 kN、250 kN/500 kN、500 kN/1 000 kN

共 4 种(见图 3-4)。

（4）摆式测力计量程有 1/10、1/4、1/2、1 共 4 种。所加荷载通过脉冲试验机的表盘可直接读出，每级荷载的加载精度可以满足试验的要求。

图 3-3　Amsler 脉冲试验机

图 3-4　千斤顶

3.2.4.6　观测装置

桩身应变的测量采用电阻应变片。电阻应变片的工作部分是粘贴在极薄的绝缘材料上的金属丝，在轴向荷载作用下，桩身发生变形，粘贴在桩上应变片的长度也随之发生变化，导致其自身电阻的变化，通过测量应变片电阻的变化就可得到桩身的应变，进而得到桩身应力的变化情况。

本试验采用的是中航电测仪器公司生产的 EB120-10AA 电阻应变片,测量片和补偿片均选用同一规格同一批号的产品,每组试验分别选取角桩、边桩、中心桩各两根粘贴电阻应变片以测试桩身应力应变,电阻应变片沿桩长不同部位对称粘贴,每根桩上测点数量为 5 个,并用环氧树脂做好防潮防护,导线采用屏蔽电缆,并且保证测量和补偿所用连接电缆的长度和线径相同。

承台土反力测试采用丹东市三达测试仪器厂生产的 DYB 型电阻应变式土压力计。这是一种能够测量岩土中静态状态或动态状态的压力大小的高精度传感器,具有测试范围宽、输出特性线性好、分辨率高、性能稳定、工作可靠等特点。在电阻应变式传感器的结构中,将电阻应变片贴在传感器的变形膜上,当变形膜受力变形时,电阻应变片的电阻值将随之

图 3-5　DYB-1 型电阻应变式土压力计

发生变化。通过电阻应变仪接收,并显示其微应变值,使用时,按出厂标定的“压力–微应变值”关系,可得出作用在该土压力计上的压力值。DYB 型电阻应变式土压力计有 5 种型号,本试验采用的是其中的 DYB-1 型(见图 3-5),这是一种微型单膜电阻应变式土压力计,采用铝合金材料制成,是目前国内最小的土压力传感器,因为采用了圆形电缆,所以提高了产品的可靠性,使工艺更加成熟,主要适合对软土介质或实验室做模拟压力的测定,具有精度高、测值稳定等特点,可超载 1~2 倍。主要技术指标如下:①量程:$0-0.05\sim1$ MPa;②分辨率:≤0.083%F·S;③综合误差:<0.8%F·S;④外形尺寸:ϕ 16 mm×6 mm。

应变片与土压力计的数据由北戴河电子仪器厂生产的动态应变测量仪(见图 3-6)采集,该应变测量仪的通道多达 80 个,能够满足试验测点数量的要求;并且还实现了与电脑的连接,试验中可对应变值实行实时观测,同时具有数据的自动采集及分析功能,为试验提供了极大的方便。

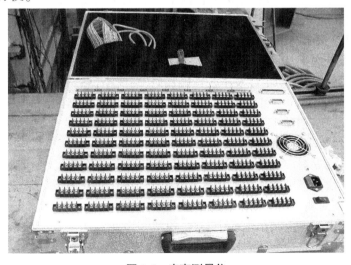

图 3-6　应变测量仪

承台的沉降观测采用 3 个量程均为 50 mm 的大量程百分表（见图 3-7），最小分辨系数均为 0.01 mm。

图 3-7　百分表

3.3　试验实施

3.3.1　模型桩的制作

先把塑料棒截成所需的长度（长度分别为 500 mm 和 700 mm，各 16 根），每组试验均选取角桩、边桩、中心桩各两根粘贴电阻应变片，每根桩上再选取 5 个截面对称粘贴应变片。5 个截面的位置为：距桩顶 2 mm 处截面 1、桩长的中点处截面 3、距桩端 2 mm 处截面 5、截面 1 与截面 3 的中点处截面 2、截面 3 与截面 5 的中点处截面 4。

应变片是感受元件，粘贴质量的好坏对测量结果影响甚大，技术要求十分严格。为保证质量，要求测点基底平整、清洁、干燥；黏结剂的电绝缘性（本试验采用的是塑料棒，故对绝缘性要求不高）、化学稳定性及工艺性能良好，蠕变小，粘贴强度高（剪切强度不低于 4 MPa），温湿度影响小；同一组应变片规格型号应相同；粘贴牢固，方位准确，不含气泡；粘贴前后阻值不改变；粘贴干燥后敏感栅对地绝缘电阻一般不低于 500 MΩ；应变线性好，滞后、零飘、蠕变等要小，保证应变能准确传递。

为此，贴片之前先对应变片进行检查。首先保证应变片无气泡、霉斑、锈点，栅极平整、整齐、均匀；其次再借助万用表检查其有无断路或短路，并测量其阻值，保证阻值基本一致。贴片前还要对测点进行处理，测点应平整、无缺陷、无裂缝，用棉花蘸丙酮对测点进行清洗，再用铅笔在测点上画出纵横中心线，纵线与应变方向一致。贴片时，应变片背面及测点各上一层薄胶，将应变片对准放在测点上，保证测点上十字中心线与应变片上的标志对准，然后在应变片上盖一小片玻璃纸，用手指沿一个方向滚压，挤出多余胶水，并注意应变片位置不滑动，再将刚贴上片的测点用胶皮包裹紧，胶皮则用夹子夹紧，最后把贴完片的模型桩放在红外线灯下照射,以此让胶固化,保证加热温度不超过 50 ℃,受热均匀。

待胶固化后再对粘贴质量进行检查,应变片应无气泡、粘贴牢固、方位准确,借助万用表检查其有无断路和短路,电阻值应与粘贴前基本相同。由于模型桩材为塑料棒,所以无须检查应变片与桩材的绝缘度。

应变片的接线柱越薄越好,但还要满足绝缘性要求,将接线柱粘贴在应变片引出线的前面,再用电烙铁把引出线和屏蔽导线焊接在接线柱上,保证轻微拉动时引出线不断,焊点圆滑、丰满、无虚焊。

最后还要做好防潮防护。防潮剂选用环氧树脂∶聚酰胺 = 100∶(90~110),在测点及纱布上各涂一层按上述比例配制的防潮剂,然后用纱布将测点绑扎起来。5 个测点绑扎完毕后再将模型桩(见图 3-8)放在红外线灯下照射直至防潮剂完全干燥,至此,模型桩制作完毕。

图 3-8　模型桩

3.3.2　模型桩的设置

采用埋入式植桩方法消除挤土效应(见图 3-9)。模型箱内装填的地基土介质选用砂土,为减小箱壁摩阻力,以消除其对砂箱内土应力场的影响,箱内填砂之前先在有机玻璃表面涂一薄层润滑剂,用模型砂箱的有限空间来模拟实际现场土地基的半无限空间。砂土分层填充,并振捣密实。填充到桩端平面时,将该平面整平压实,确定桩的埋设位置,然后放入模型桩,继续填充砂土,并用预先钻了孔的硬纸板固定模型桩的位置,并保证桩身竖直,桩顶水平高度基本一致。填砂土时还应保证桩间土的密实度要与其他地方土的密实度一致。

试验时为了观测介质土的变化情况,分层夯土时,在靠近有机玻璃板各层面边缘处埋设大头针(见图 3-10)及染色的砂土作为位移观测点,这样就可以在每级荷载作用前和桩顶沉降稳定后采用摄影测量的方法得到地基土的位移场,由此分析桩筏基础的破坏模式。

试验采用的砂土为中砂,含水量 2.54%~4.12%,最大孔隙比 e_{max} = 1.062,最小孔隙比 e_{min} = 0.62。砂样的物理力学性质指标如下:密度 ρ = 1.74 g/cm³,孔隙比 e = 0.81,相对密实度 D_r = 0.57。

图 3-9　埋桩

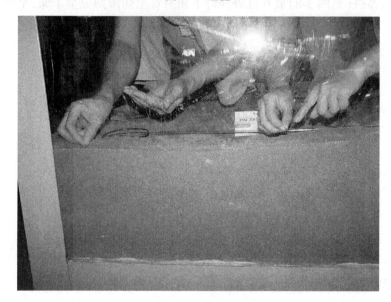

图 3-10　埋设大头针

3.3.3　埋设土压力盒

　　桩埋设完毕后将桩顶平面整平压实,定出土压力盒的位置,准备埋设土压力盒,土压盒的平面布置如图 3-11 所示。

　　土压力盒的埋设质量决定了测试数据的准确性,因此必须严格按照有关规定进行埋设。埋设前先对土压力计进行检查,将其置于与要测试的环境相同温度中,正确连接应变测量仪 A、B、C、D 和地 5 点,打开应变测量仪开关,30 min 后校准应变测量仪,把所要用的传感器对应地连接在分线箱的接点上,调整分线箱的电位器,使每支传感器都显示 (0 ± 1) $\mu\varepsilon$。埋设土压力盒时在埋设位置上挖一个与土压力盒大小一致的小坑,用土压力盒将砂抹压平整,土压力盒的工作面朝上,周围的砂土宜密不宜松,导线应埋入土表面以下并且蛇形布置,以免不均匀下沉和变形拉断电缆线。

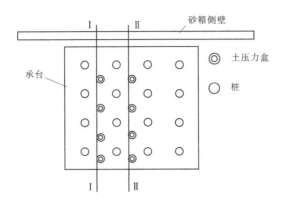

图 3-11　土压力盒平面布置图

土压力盒埋设完毕后,将承台放在群桩顶面,并让承台形心与群桩形心基本吻合。然后用吊车将模型箱起吊到液压千斤顶下面,还应让千斤顶中心与承台形心重合。最后将3 只百分表按照预定的位置固定在表架上。为使测杆自由移动,套筒固定后,不可再转动套筒,也不宜将轴套卡得过紧,百分表布置图如图 3-12 所示。固定和支承百分表的夹具和表架确保不受气温、振动及其他外界因素影响而发生变位。

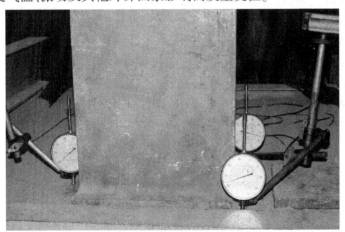

图 3-12　百分表布置图

桩的设置过程中,砂土扰动后强度降低,桩埋设完毕后,砂土的强度将随时间逐渐恢复,为了使试验能够真实反映桩的承载力,根据《建筑桩基技术规范》(JGJ 94—2008)的规定,间歇 10 d 后进行静载试验。

3.3.4　载荷试验

试验方法参考《建筑地基基础设计规范》(GB 50007—2011)和《建筑桩基技术规范》(JGJ 94—2008)的相关规定,采用慢速维持荷载法加载,试验时将荷载分级,逐级加载,每级荷载下承台顶沉降稳定后再加下一级荷载,直至破坏;然后分级卸载到零。

3.3.4.1　加载分级

每级加载为预估极限荷载的 1/15～1/10,第一级可按 2 倍分级荷载加荷,但在最后一级加载或在试验过程中有迹象表明可能会提前出现临界破坏时的那一级荷载,可分 2～3 次加载。

3.3.4.2　沉降观测

每级加载后间隔 5 min、10 min、15 min 各测读一次,以后每隔 15 min 测读一次,累计 1 h 后每隔 30 min 测读一次。每次测读值记入试验记录表。

3.3.4.3　沉降相对稳定标准

在每级荷载下,每小时的沉降不超过 0.1 mm,并连续出现两次(由 1.5 h 内连续 3 次观测值计算),认为已达到相对稳定,可加下一级荷载。

3.3.4.4　终止加载条件

当出现下列情况之一时,即可终止加载:

(1)某级荷载作用下,桩的沉降量为前一级荷载作用下沉降量的 5 倍。

(2)某级荷载作用下,桩的沉降量大于前一级荷载作用下沉降量的 2 倍,且经 24 h 尚未达到相对稳定。

(3)沉降量达到 50 mm。

(4)荷载–沉降关系曲线出现可判定极限承载力的拐点。

(5)已达到预估的最大加载量时。

3.3.4.5　卸载与卸载沉降观测

每级卸载值为每级加载值的 2 倍,每级卸载后隔 15 min 测读一次残余沉降,读两次后,隔 30 min 再读一次,即可卸载下一级荷载,全部卸载后隔 3～4 h 再读一次。

静载试验现场见图 3-13。

图 3-13　静载试验现场

第 4 章 承载力模型试验结果分析

通过对桩筏模型试验数据进行分析整理,得出了各级荷载下桩顶、桩身、桩间土的应力变化情况和承台下土反力的分布及桩土荷载分担比的变化特征,着重分析了桩长对桩筏基础承载特性的影响。

4.1 桩分担荷载分析

试验时选取角桩、边桩、中心桩各 2 根粘贴电阻应变片,每根桩上再选取 5 个截面对称粘贴应变片,各级荷载下通过应变片测量出的桩身各截面的应变值 $\varepsilon_{i,j}$,即可对应计算出桩身各截面上的轴力值 $N_{i,j}$。

$$N_{i,j} = A\sigma_{i,j} = AE\varepsilon_{i,j} \tag{4-1}$$

式中　$N_{i,j}$——第 i 个截面在第 j 级荷载作用下的轴力,N;

　　　$\sigma_{i,j}$——第 i 个截面在第 j 级荷载作用下的应力,MPa;

　　　$\varepsilon_{i,j}$——第 i 个截面在第 j 级荷载作用下的应变;

　　　E——桩的弹性模量,MPa,实测 $E = 1.089 \times 10^3$ MPa;

　　　A——桩的横截面面积,mm^2。

粘贴电阻应变片进行测量的桩平面布置如图 4-1 所示,根据所测数据绘出了桩身轴力分布图,进而分析其桩顶反力、桩端阻力及桩侧摩阻力。

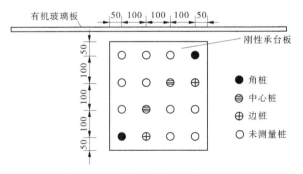

图 4-1 测量桩布置图 (单位:mm)

4.1.1 桩轴力及桩顶反力分析

4D 桩距 500 mm 桩长时角桩、边桩、中心桩的轴力分布如图 4-2 所示,桩顶反力对比见图 4-3。

当竖向荷载施加于单桩桩顶时,桩身受荷而产生相对于土的向下位移,与此同时,桩侧表面受到土向上的摩阻力。桩的轴力通过逐渐发挥出来的桩侧摩阻力传递到桩周土层

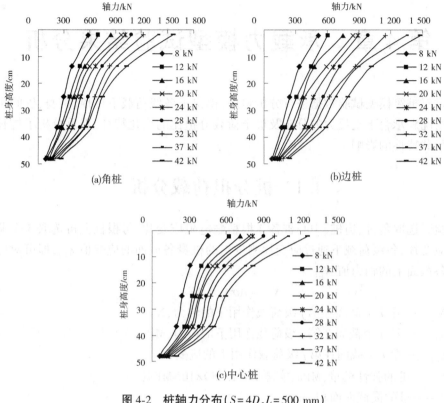

图 4-2　桩轴力分布($S=4D,L=500$ mm)

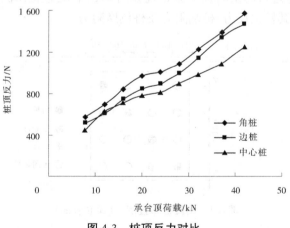

图 4-3　桩顶反力对比

中去,桩身轴力随深度递减。由图 4-2 可知,在最初几级荷载下,由于桩土的相对位移比较小,因而沿桩身的摩阻力也不大,所以桩的轴力衰减速率比较小;随着荷载的增加,桩身压缩量和桩身位移量增大,桩土相对位移也增大,桩的摩阻力逐步调动起来,因而桩的轴力也随着荷载的增大而从桩顶到桩端迅速衰减,同时桩端阻力也随着桩底土层压缩程度的提高而增大。

由图 4-3 可以看出,在各级荷载下,角桩分担的荷载最大,边桩次之,中心桩最小,这符合刚性基础下反力的分布规律,同线弹性理论分析结果的总趋势是一致的,也与一些文献的实测结果相似。角桩承担的荷载比中心桩大 26%左右,边桩承担的荷载比中心桩大 18%左右,角桩、边桩、中心桩三者承担的荷载之比为 1.26∶1.18∶1。形成这种"倒盆底"形桩顶反力分布的原因是:群桩中各桩引起的土中应力的重叠,中心桩桩尖平面处的土中附加应力大于角桩或边桩桩尖平面土中的附加应力,因此中心桩具有更大的沉降趋势,而刚性承台的约束作用使各桩的沉降必须相等,在此情况下承台底板的荷载由中心桩向角桩和边桩转移,导致角桩和边桩的桩顶反力远大于中心桩的桩顶反力。

由图 4-3 还可以看出,在整个试验过程中,桩顶反力随着承台顶荷载的增加而逐渐增大,承台顶面增加的荷载分别传递到角桩、边桩和中心桩上,但是这种力的传递是有区别的,并不是均匀的传递,其中较多的荷载会传递到角桩上,而相应地中心桩所受荷载较小,当然这里所说的大小是指单根桩所受的荷载大小,在实际工程中由于角桩通常比边桩和中心桩的数量要少,其所承担的总荷载并不比中心桩大。

4D 桩距 700 mm 桩长下角桩、边桩、中心桩的轴力分布及桩顶反力对比分别见图 4-4 和图 4-5。

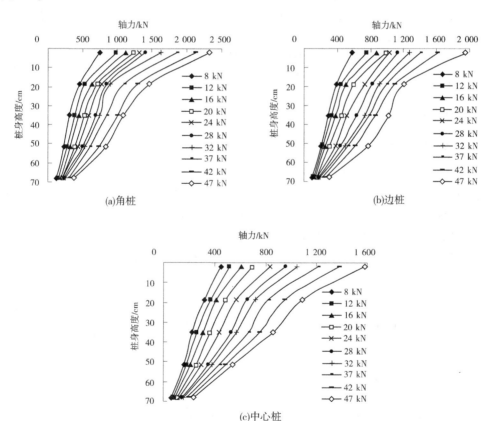

图 4-4　桩轴力分布($S=4D, L=700$ mm)

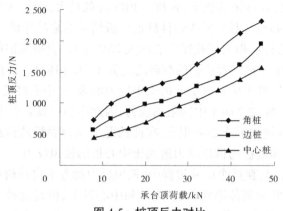

图 4-5 桩顶反力对比

由图 4-4 可知,同样为 4D 桩距,桩长 700 mm 时角桩、边桩、中心桩的轴力分布规律与 500 mm 桩长时一样,在最初几级荷载下桩身各截面轴力相差不大,轴力衰减速率较慢,随着承台顶荷载的增大,桩周侧摩阻力逐渐发挥出来,轴力的衰减速率加大。由图 4-5 可知,在各桩承担的荷载大小上,仍然遵循角桩最大、边桩次之、中心桩最小这样一个规律,角桩承担的荷载比中心桩大 46% 左右,边桩承担的荷载比中心桩大 23% 左右,角桩、边桩、中心桩三者承担的荷载之比为 1.46:1.23:1(见表 4-1)。

表 4-1 不同桩长的桩顶反力对比($S=4D$)

项目	桩顶反力/N			$P_c:P_e:P_i$
	角桩	边桩	中心桩	
500 mm 桩长	1 575.82	1 477.64	1 254.06	1.26:1.18:1
700 mm 桩长	2 320.28	1 950.50	1 583.91	1.46:1.23:1

注:P_c 为角桩荷载;P_e 为边桩荷载;P_i 为中心桩荷载。

从表 4-1 中可以发现,增大桩长时,桩顶的反力要发生重分布,荷载趋向角桩和边桩,中心桩的反力相对减小。同时,桩长增大后其承载力也相应增大,由表 4-1 就可以发现桩顶反力随着桩长的增大而增大。桩筏基础达到极限承载力,桩长为 700 mm 时角桩、边桩、中心桩的桩顶反力比桩长为 500 mm 时分别增大了 47%、32%、26%。

6D 桩距 500 mm 桩长下角桩、边桩、中心桩的轴力分布如图 4-6 所示,桩顶反力对比如图 4-7 所示。

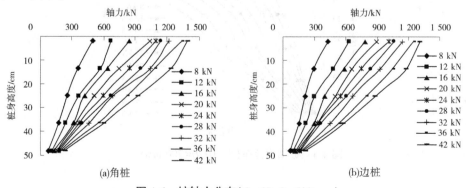

图 4-6 桩轴力分布($S=6D,L=500$ mm)

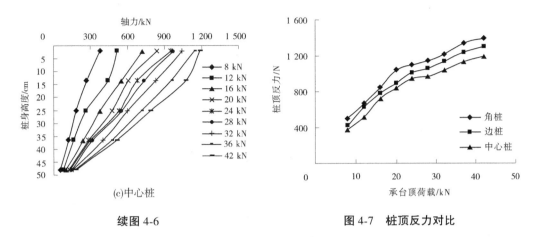

续图 4-6

图 4-7　桩顶反力对比

由图 4-6 可知,6*D* 桩距 500 mm 桩长时,角桩、边桩、中心桩的轴力分布规律与 4*D* 桩距 500 mm 和 700 mm 桩长时一样,在最初几级荷载下,桩身各截面轴力相差不大,轴力衰减速率较慢,随着承台顶荷载的增大,桩周侧摩阻力逐渐发挥出来,轴力的衰减速率加大。

由图 4-7 可以看出,在各桩承担的荷载大小上,依然遵循角桩最大、边桩次之、中心桩最小这样一个规律,角桩承担的荷载比中心桩大 16% 左右,边桩承担的荷载比中心桩大 8% 左右,角桩、边桩、中心桩三者承担的荷载之比为 1.16:1.09:1。

6*D* 桩距 700 mm 桩长下角桩、边桩、中心桩的轴力分布如图 4-8 所示,桩顶反力对比如图 4-9 所示。

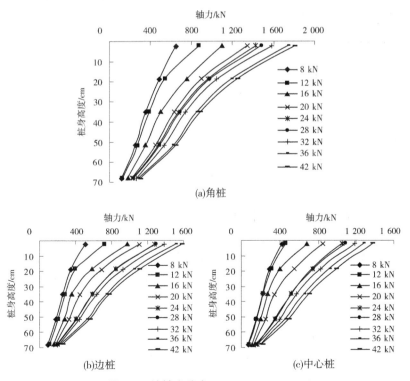

图 4-8　桩轴力分布($S = 6D, L = 700$ mm)

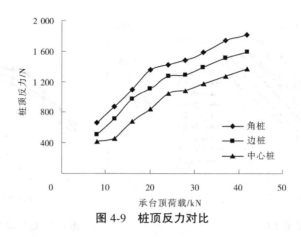

图 4-9　桩顶反力对比

由图 4-8 可知,6D 桩距 700 mm 桩长时,角桩、边桩、中心桩的轴力分布规律与 6D 桩距 500 mm 桩长时一样,在最初几级荷载下桩身各截面轴力相差不大,轴力衰减速率较慢,随着承台顶荷载的增大,桩周侧摩阻力逐渐发挥出来,轴力的衰减速率加大。在各桩承担的荷载大小上,依然遵循角桩最大、边桩次之、中心桩最小这样一个规律,角桩承担的荷载比中心桩大 36% 左右,边桩承担的荷载比中心桩大 18% 左右,角桩、边桩、中心桩三者承担的荷载之比为 1.36∶1.18∶1(见表 4-2)。

表 4-2　不同桩长的桩顶反力对比($S = 6D$)

项目	桩顶反力/N			$P_c : P_e : P_i$
	角桩	边桩	中心桩	
500 mm 桩长	1 216.05	1 136.17	1 045.91	1.16∶1.08∶1
700 mm 桩长	1 738.72	1 511.54	1 278.60	1.36∶1.18∶1

注:P_c 为角桩荷载;P_e 为边桩荷载;P_i 为中心桩荷载。

从表 4-2 中可以发现,桩顶反力随着桩长增大而增大,桩长为 700 mm 时,角桩、边桩、中心桩桩顶反力比桩长为 500 mm 时分别增大了 43%、33%、22%,即桩长增大后其承载力也相应增大。同时,由表 4-2 还可以发现,增大桩长时,桩顶的反力要发生重分布,荷载趋向角桩和边桩,中心桩的反力相对减小。因此,对于均质土而言,并非桩越长越好,需要进行比较分析,合理地确定桩长,才能有效地发挥桩的作用。

通过对 4D 桩距和 6D 桩距不同桩长下桩轴力和桩顶反力的分析发现,桩顶反力随着桩长的增加而增大,并且当桩长增大后,桩顶的反力要发生重分布,荷载趋向角桩和边桩,中心桩的反力相对减小,随着荷载水平的增大,桩顶反力分布也趋于不均匀。在各桩承担的荷载大小上,遵循角桩最大、边桩次之、中心桩最小这样一个规律。如果以群桩为优化对象,考虑从控制各桩反力一致的角度出发,为减少角桩、边桩与中心桩之间反力的差异,可以采用外强内弱的布桩方式,例如:可以把基础的外围,角桩和边桩附近桩布置得密一些,相应的筏板内部桩可以布置得稀一些,但它导致桩筏板受力不合理,基础差异沉降增大,最大弯矩也显著增大,因此对改善整个桩筏基础的受力是不合适的。设计时就要增大筏板的厚度,减少桩数所降低的造价并不足以弥补加大筏板厚度所增加的造价,影响到建筑物的经济效益。在上部结构和基础刚度较大的情况下,采用"外强内弱"设计可能是合理的;但是对于上部结构次生应力和基础弯矩很大程度地影响了建筑物的造价,必须注意这种设计方法的适用性。

4.1.2　桩侧摩阻力分析

桩在轴向荷载作用下,桩土发生相对位移会产生桩侧摩阻力和桩端阻力。一般情况下,桩侧摩阻力的发挥所需要的位移量要比桩端阻力小得多,而一般建筑物和构筑物所允许的沉降量也较小,因此研究竖向荷载作用下侧摩阻力的性状对于进一步研究桩端阻力的性状以及单桩的竖向承载力是十分必要的。

试验中通过应变片的测量数据得到了桩的轴力图,根据桩不同断面的轴力,按式(4-2)即可计算出两断面间的土层对桩侧的摩阻力 q_{sik}。

$$q_{sik} = \frac{N_{i-1} - N_i}{S_i} \tag{4-2}$$

式中　N_{i-1}——第 i 层土的桩上断面的轴力,kN;

　　　N_i——第 i 层土的桩下断面的轴力,kN;

　　　S_i——第 i 层土的桩侧面积,m²。

$6D$ 桩距 700 mm 桩长时角桩、边桩及中心桩的侧摩阻力如图 4-10 所示。

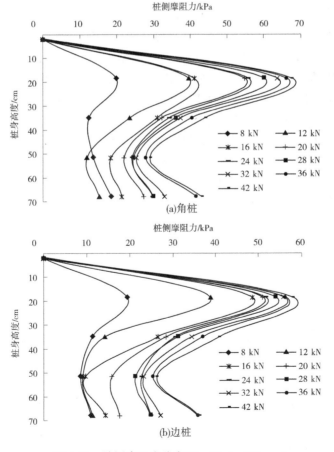

图 4-10　桩侧摩阻力分布($S = 6D$,$L = 700$ mm)

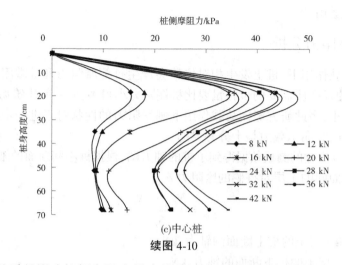

(c)中心桩

续图 4-10

桩周土的性质是影响桩侧摩阻力最直接的因素,一般来说,桩周土的强度越高,相应的桩侧摩阻力就越大,桩土之间产生相对位移是桩侧摩阻力发挥的前提。由图 4-10 可知,在加荷初期,由于桩身的压缩量很小,所以桩侧摩阻力沿桩身从上到下差别不是很大。随着荷载的增大,桩侧摩阻力也愈来愈大,并且由于桩身压缩量的增大,桩侧摩阻力沿桩身分布的不均匀性也愈加明显,在桩身上部桩侧摩阻力达到一个最大值,然后沿桩身向下逐渐减小,在桩身中下部达到一个最小值,然后逐渐增大,桩侧摩阻力在桩端附近又得到了加强,整个桩侧摩阻力曲线呈现"R"形分布。本试验得到的桩侧摩阻力图与焦—枝复线某大桥钻孔灌注桩载荷试验中桩侧摩阻力的测试结果非常相似。很多学者从试验和理论上证明了"桩侧摩阻力的强化效应"存在,本试验中桩侧摩阻力虽然在桩端附近得到了加强,但是由于试验中各种因素的影响,其值仍然小于桩身上部桩侧摩阻力最大值,说明桩身下部侧摩阻力没有得到充分的发挥。6D 桩距 500 mm 桩长、4D 桩距 500 mm 桩长及 6D 桩距 700 mm 桩长时的桩侧摩阻力分布规律与 4D 桩距 700 mm 桩长时基本一致,故另外几种情况下桩侧摩阻力图不再一一列出。

距桩顶 185 mm 处桩侧摩阻力值见表 4-3。

表 4-3　桩侧摩阻力值　　　　　　　　　　　单位:kPa

桩长	4D 桩距			6D 桩距		
	角桩	边桩	中心桩	角桩	边桩	中心桩
500 mm	59	53	41	71	63	52
700 mm	56	49	38	67	58	47

对于 700 mm 桩长,距桩顶 185 mm 处的桩侧摩阻力值正好是最大值,可以看出,随着桩距的增大,群桩效应的影响减小,因此桩侧摩阻力也得到了更好的发挥。同时,比较不同位置单桩侧摩阻力的发挥程度,依次为角桩最好,边桩次之,中心桩最差。

由表 4-3 可以发现,在距桩顶 185 mm 处,随着模型桩的入土深度由 500 mm 增加到 700 mm,无论是 4D 桩距还是 6D 桩距,角桩、边桩和中心桩的侧摩阻力均存在不同程度的减小。很多文献都提到了这种现象,并将之称为"桩侧摩阻力的退化效应",即在某一固定的标高处,随着桩入土深度的增加,该处的极限侧摩阻力值在不断减小,随着桩穿越该标高进入土层中深度的增加,桩极限侧摩阻力减小就越大。

桩侧摩阻力的退化效应主要表现在以下 3 种情况:①粉土、粉砂、细砂和中砂等类型土中局部侧摩阻力随桩入土深度的增加而退化,所以在粉砂和细砂中的抗压桩在特定的地层处单位桩侧摩阻力并不是一个常数,会随着桩的入土深度而退化。②临界位移以后黏土中桩侧摩阻力发生退化,即所谓侧阻疲劳。其主要原因是土层产生滑动破坏后的持续变形将使土体的结构发生破坏,而土体结构的破坏导致土体抗剪强度降低。③循环荷载作用下饱和软黏土侧摩阻力退化。

由上述分析可知,桩侧摩阻力的强化和退化效应同时存在,在两者的共同作用下,桩侧摩阻力的性状变得十分复杂。传统的按土的物理指标来确定桩侧阻力的定值方法虽然简单实用,但却与实际情况有很大的差别,并不能够真实地反映桩侧摩阻力的发挥机制。

4.1.3　桩端阻力分析

$4D$ 桩距 500 mm 桩长及 700 mm 桩长时的桩端阻力分别见图 4-11 和图 4-12。

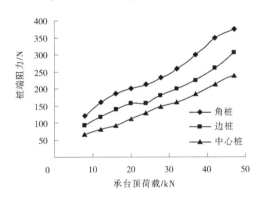
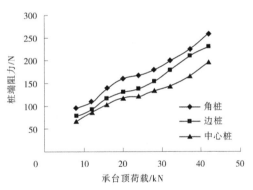

图 4-11　桩端阻力($S=4D$, $L=500$ mm)　　　　图 4-12　桩端阻力($S=4D$, $L=700$ mm)

由图 4-11 和图 4-12 可见,桩端阻力随着承台顶荷载的增大而近似成线性增加,桩端阻力的分布与桩顶反力的分布一样,仍然是角桩最大、边桩次之、中心桩最小。

图 4-13 为桩距相同时不同桩长下角桩、边桩和中心桩的桩端阻力对比。

当桩端进入均匀持力层的深度小于某一深度时,其极限端阻力一直随深度线性增大;当入土深度大于该深度后,极限端阻力基本保持不变,该深度即为桩端阻力的临界深度。因此,将桩端设置在临界深度处,有利于充分发挥桩的承载力。砂与碎石类土的临界深度为 3～10 倍桩径,本试验中桩的埋深已超过砂土中的临界深度,由图 4-13 可知,角桩和中心桩的端阻力随着桩长的增加而略有增大,符合桩端阻力的深度效应,而边桩的端阻力随着桩长的增加增大较多。

$6D$ 桩距时不同桩长下桩端阻力的分布规律与上述一样,在此不再赘述。

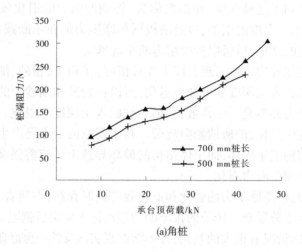

(a)角桩

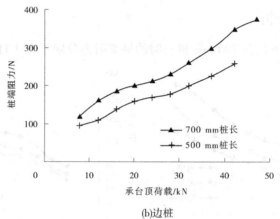

(b)边桩

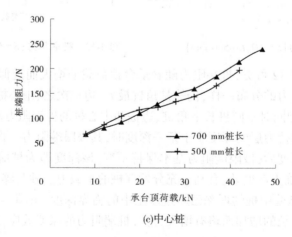

(c)中心桩

图 4-13　桩端阻力对比

4.2　承台底面土反力随桩长的变化

桩顶受竖向荷载而向下位移时,桩土间摩阻力带动桩周土产生竖向剪切位移。根据 Randolph 等建议的均匀土层中剪切变形传递模型,离桩中心任一点 r 处的竖向位移为

$$W_r = \frac{\tau_z D}{2G}\int_r^{r_d}\frac{\mathrm{d}r}{r} = \frac{1 + \mu_s}{E_0}\tau_z D\ln\frac{nD}{r} \tag{4-3}$$

由式(4-3)可以看出,桩周土位移随土的泊松比 μ_s、桩侧摩阻力 τ_z、桩径 D、土的变形范围参数 n 的增大而增大,随土的弹性模量 E_0、位移点与桩中心距 r 的增大而减小。对于群桩,桩间土的竖向位移除随上述因素变化外,还因受相邻桩影响增加而增大,桩距愈小相邻桩影响愈大。承台土反力的发生正是由于桩顶平面桩间土的竖向位移小于桩顶位移而与承台产生接触压缩变形所致的。土反力的大小及其分担荷载的作用受诸多因素的影响,本节重点讨论桩长对承台底面土反力的影响。

4.2.1　桩距为 $4D$ 时桩长对承台底面土反力的影响

土压力盒的平面布置见图 3-11,图 4-14 和图 4-15 分别是桩长为 500 mm、700 mm 时 Ⅱ—Ⅱ 剖面实测的土反力分布图。

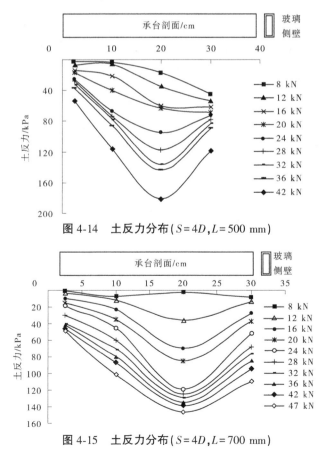

图 4-14　土反力分布($S = 4D, L = 500$ mm)

图 4-15　土反力分布($S = 4D, L = 700$ mm)

　　由图 4-14 和 4-15 可以看出,虽然两组试验桩长不同,但承台下土反力的分布形态基本一致,均呈抛物线形分布,中间较大,两边较小,并且随着荷载和沉降的增大而增大。承台下地基土从承台受荷开始就参与了共同工作,承台顶面荷载较小时,土反力也很小,并且各点数值大小相差不大,基本上均匀分布;随着荷载的增大,土反力也逐渐增大,呈现出中间大、两边小的分布规律,并且随着荷载的进一步增大,抛物线形的分布规律愈来愈明显。承台底面土反力之所以中间大、两边小,是因为承台置于砂土表面,并且四周无超载,于是在上面荷载的作用下,承台底面两边的砂粒侧向挤出变得不密实,而承台底面中间的砂土则被压密,荷载主要由其承担。由图 4-14 和 4-15 还可以发现,各级荷载作用下横坐标 30 cm 处对应的土反力均大于 10 cm 处对应的土反力,而 30 cm 处和 10 cm 处是承台下的两个对称点,只是 30 cm 处靠近模型箱的侧壁,10 cm 处位于模型箱的中部,分析出现这种现象的原因是模型箱的侧壁限制了砂土的侧向挤出,因此使得靠近侧壁这一侧的砂土较为密实,故其土反力也相应增大。

　　4D 桩距下,不同桩长下承台底面土反力分布形态基本相同,但是对比两者的土压力峰值可以发现,500 mm 桩长时土反力峰值为 181 kPa,700 mm 桩长时土反力峰值为 146 kPa,前者是后者的 1.24 倍。可见,随着桩长的增加,承台底面下土反力峰值减小。

4.2.2　桩距为 6D 时桩长对承台底面土反力的影响

　　图 4-16 和图 4-17 分别是桩长为 500 mm、700 mm 时 Ⅱ—Ⅱ 剖面实测的土反力分布图。

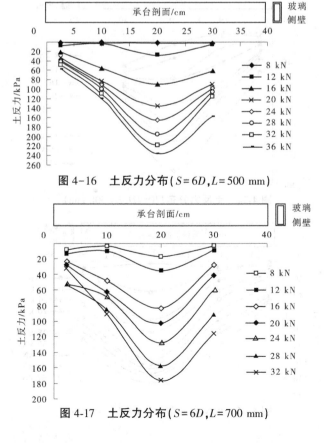

图 4-16　土反力分布($S=6D$, $L=500$ mm)

图 4-17　土反力分布($S=6D$, $L=700$ mm)

6D 桩距时不同桩长下基底土反力的分布形态与 4D 桩距时基本一致,也是中间大,两边小。当承台上面的荷载达到砂土的极限承载力时,试验中通过观察发现承台边缘砂土出现很多裂缝,表明承台底面两边的砂土已出现塑性破坏,不能再继续承担荷载,于是基底压力发生重分布,承台中间的土反力随着上面荷载的增加而迅速增大,承台底面土反力最终呈中部突出的钟形分布。对比两者的土压力峰值同样可以发现,500 mm 桩长时土反力峰值为 235.6 kPa,700 mm 桩长时土反力峰值为 177.1 kPa,前者是后者的 1.33 倍。

通过上述分析可知,桩长对承台底面下土反力的分布形态基本上没什么影响,本试验中无论是 500 mm 桩长还是 700 mm 桩长,承台底面下土反力均呈抛物线形分布,中间大,两边小。但是在其他条件不变的情况下,承台下土反力的大小将会随着桩长的增加而减小。

4.3　桩筏基础桩土荷载分担比分析

4.3.1　桩及承台下土反力的计算

桩土荷载分担比的影响因素有很多,例如:桩端持力层性质、筏板下土的性质、施工方法、桩的间距等,本节重点讨论桩长对桩筏基础桩土荷载分担比的影响。

桩承担的荷载用式(4-4)计算:

$$P = n_1 P_1 + n_2 P_2 + n_3 P_3 \tag{4-4}$$

式中　P_1、P_2、P_3——分别为角桩、边桩、中心桩实测的平均桩顶反力,kN;

　　　　n_1、n_2、n_3——分别为角桩、边桩、中心桩的数量,根。

计算承台下土的总反力时,将承台下土划分为 3 个区域,先计算出每个区域的平均土反力,然后乘以该区域的面积即为该区域的土反力,最后将 3 个区域的土反力累加起来即为总的土反力。

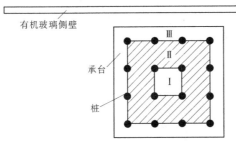

图 4-18　土反力区域划分

区域 I 的面积:$10 \times 10 = 100 (\text{cm}^2)$。

区域 II 的面积:$30 \times 30 - 100 = 800 (\text{cm}^2)$。

区域 III 的面积:$40 \times 40 - 30 \times 30 = 700 (\text{cm}^2)$。

4.3.2　荷载分担比分析

$4D$ 桩距 500 mm 和 700 mm 桩长时桩土分担荷载曲线如图 4-19 所示。

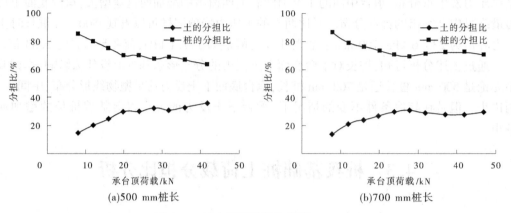

(a)500 mm桩长　　　　　　　　　(b)700 mm桩长

图 4-19　桩土荷载分担比曲线($S=4D$)

由图 4-19 可知,在加荷初期,桩就承担了绝大部分的荷载,随着荷载的增大,承台下土被压缩,其承担的荷载比例迅速增大,桩顶反力所占的比例减小;在加载后期,土体承担的荷载比例增长缓慢,趋于稳定。500 mm 桩长下荷载增加到 20 kN 时桩土荷载分担比趋于稳定,700 mm 桩长下荷载增加到 24 kN 时桩土荷载分担比趋于稳定。经分析可知,桩长 500 mm 和 700 mm 时对应的使用荷载分别为 21 kN、23.5 kN,也就是说,当上部结构的荷载达到桩筏基础的使用荷载时,桩土荷载分担比趋于稳定。

图 4-20 为 $4D$ 桩距下不同桩长土的荷载分担比对比,可以看出当荷载较小时,两者土的荷载分担比相差不大,随着荷载水平的提高,两者土的荷载分担比也增大。500 mm 桩长的基础,其土的荷载分担比曲线位于 700 mm 桩长的上方,随着荷载水平的增大,两者差值也增大。最终 500 mm 桩长时土的分担比为 36.4%,700 mm 桩长时土的分担比为 30%。可见随着桩长的增加,承台下土的荷载分担比减小,但变化的幅度不是很大,700 mm 桩长时土的荷载分担比减小了 6.4%。

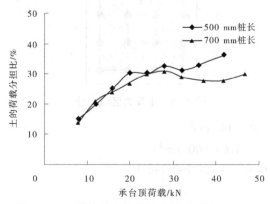

图 4-20　不同桩长土的荷载分担比对比($S=4D$)

$6D$ 桩距 500 mm 和 700 mm 桩长时桩土荷载分担比曲线如图 4-21 所示。

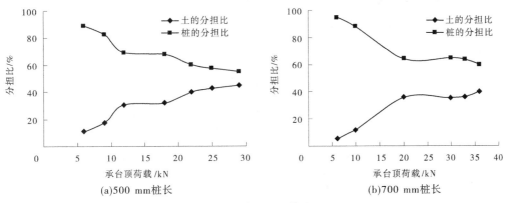

(a)500 mm桩长　　　　　　　(b)700 mm桩长

图 4-21　桩土荷载分担比曲线($S = 6D$)

由图 4-21 可知,桩的荷载分担比随着承台顶荷载的增大而减小,相应地承台下土的荷载分担比逐渐增大。在试验初期,桩承担了 85% 以上的荷载,随着荷载的加大,桩筏基础产生较大的沉降,群桩承担荷载的方式从桩侧摩阻力向桩端阻力转移,承台沉降的增加使桩间土被压缩,桩间土承载力因此而增加,其荷载分担比也提高。观察图 4-21(a) 可以发现,当承台顶荷载增加到 12 kN 时,土的荷载分担比开始趋于稳定,荷载从 18 kN 继续增大时,土的分担比又开始增大,当荷载增大到 22 kN 再继续增大时,土的分担比又趋于稳定,土的荷载分担比曲线呈阶梯形;由图 4-21(b) 看出,承台顶荷载从 20 kN 再继续增大时桩土的荷载分担比开始趋于稳定。

不同桩长土的荷载分担比对比($S = 6D$)见图 4-22。由图 4-22 可知,加载初期土反力增长较快,在整个试验过程中,桩长为 700 mm 时土的荷载分担比始终小于 500 mm 桩长时的分担比,最终 700 mm 桩长时土的荷载分担比为 40%,比 500 mm 桩长时小了 5%。

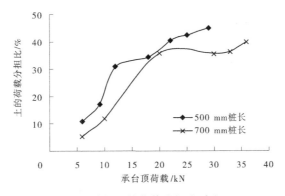

图 4-22　不同桩长土的荷载分担比对比($S = 6D$)

图 4-23 为各种情况下土的荷载分担比对比,可见,当同为 500 mm 桩长时,$6D$ 桩距的曲线始终位于 $4D$ 桩距的上面,同为 700 mm 桩长时,加载的初始阶段 $6D$ 桩距的曲线位于 $4D$ 桩距的下面,随着荷载的增大,$6D$ 桩距的曲线又迅速上升到 $4D$ 桩距的上面,而且随着荷载的加大,同一级荷载下土的荷载分担比差值也增大。所以,当桩长相同时,土的荷载

分担比随着桩距的增大而增大。6D 桩距 500 mm 桩长的曲线始终位于最上面,4D 桩距 700 mm 桩长的曲线最终位于最下面,说明桩越短,桩间距越大,土的荷载分担比就越高。

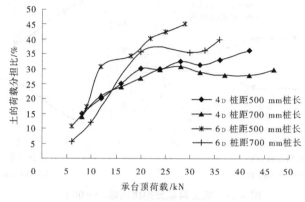

图 4-23　土的荷载分担比对比

由上述分析可知,桩的荷载分担比随着桩长的增加或桩距的减小而增大,筏基的荷载分担比随桩长的增加或桩距的减小而减小,并且随着荷载水平的增大,桩长对桩土荷载分担比的影响也越大。

4.4　桩长与桩筏基础沉降的关系

4.4.1　桩距为 4D 时桩长对沉降及承载力的影响分析

4D 桩距 500 mm 及 700 mm 桩长时的荷载-沉降(P-s)关系曲线如图 4-24 所示。

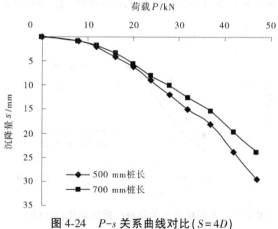

图 4-24　P-s 关系曲线对比($S=4D$)

由图 4-24 可见,初始阶段沉降随荷载的增大而缓慢增大,且两者近似呈线性关系。随着荷载的继续增大,沉降增加的速率加大,两者仍然呈现明显的线性关系。由于承台下地基土对荷载的分担作用,P-s 曲线并没有像单桩的 P-s 曲线那样出现明显的陡降段。由图 4-24 还可看出,700 mm 桩长的 P-s 曲线始终位于 500 mm 桩长的 P-s 曲线之上。也就是说,在产生相同沉降的条件下,700 mm 桩长比 500 mm 桩长能承担更大的荷载;同时,如果两者承担的荷载大小相等,那么 700 mm 桩长时的沉降量小于 500 mm 桩长时的沉降量。同时,随着荷载水平的增大,同一级荷载下两者沉降量的差值也增大。

确定桩筏基础的极限承载力时,由于 $P\text{-}s$ 曲线为缓变型曲线,没有明显的拐点,所以只能根据沉降确定。在此取 $s/b = 0.06$ 对应的荷载值作为桩筏基础的极限承载力,s 为沉降量,b 为承台宽度,所以 500 mm 桩长时极限承载力为 42 kN,700 mm 桩长时极限承载力为 47 kN。桩的体积增加了 40%,承载力提高了 11.9%。另外,当两者的荷载均为 42 kN时,500 mm 桩长的沉降为 23.996 mm,700 mm 桩长的沉降为 19.812 mm,后者的沉降比前者降低了 17.4%。取极限承载力的 1/2 为使用荷载,在 500 mm 桩长的使用荷载下,即当荷载均为 21 kN 时,随着桩长的增加,沉降减少了 10.72%。可见,当桩距相同时,桩筏基础的极限承载力随桩长的增加而增大,沉降随桩长的增加而减小。

4.4.2　桩距为 6D 时桩长对沉降及承载力的影响分析

6D 桩距 500 mm 及 700 mm 桩长时的荷载-沉降($P\text{-}s$)关系曲线如图 4-25 所示。

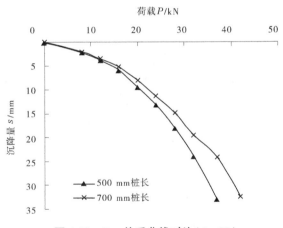

图 4-25　$P\text{-}s$ 关系曲线对比($S = 6D$)

由图 4-25 可知,6D 桩距时,$P\text{-}s$ 关系曲线仍然为缓变型,没有明显的拐点,两者的沉降量一直随荷载的增加而增大,700 mm 桩长的 $P\text{-}s$ 曲线仍然位于 500 mm 桩长的 $P\text{-}s$ 曲线之上。加荷初期,荷载大小相等时,两者对应的沉降量相差不大,随着荷载的增大,两者对应沉降量的差值也逐渐增大。对比两者的极限承载力,500 mm 桩长时极限承载力为 32 kN,700 mm 桩长时极限承载力为 36 kN。桩的体积增加了 40%,承载力提高了 12.5%;当两者的荷载均为 32 kN 时,700 mm 桩长的沉降量比 500 mm 桩长的沉降量减小了 18.5%。在 500 mm 桩长的使用荷载下,即当荷载为 16 kN 时,随着桩长的增加,沉降量减小了 10.74%。

由以上分析可知,当桩距相同时,桩筏基础的极限承载力随桩长的增加而增大,沉降量随桩长的增加而减小。在较低的荷载水平下,不同桩长对应沉降量的差值并不大,随着荷载水平的增大,桩长对沉降的影响也逐渐增大。目前,众多的理论计算及试验研究均表明:当桩长增加到一定程度后,其对减小沉降量的效果就不显著了。

4.4.3 桩筏基础中单桩的工作性状

根据各荷载试验得到的 P-s 曲线和单桩的轴力图可绘制桩基中单桩的 Q-s 曲线。将相同桩距不同桩长的桩筏基础中同一位置单桩的 Q-s 曲线绘制在一起,以 $4D$ 桩距为例,其 Q-s 曲线如图 4-26 所示。

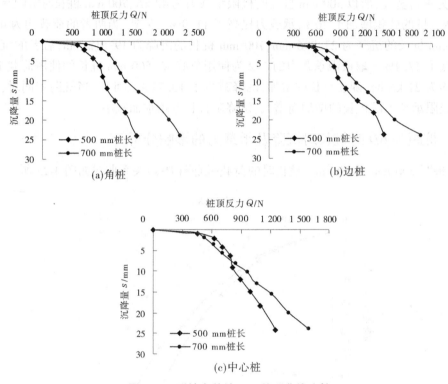

图 4-26 群桩中单桩 Q-s 关系曲线比较

由图 4-26 可见,除中心桩在加载初期反常外,角桩和边桩都是桩长 700 mm 的单桩 Q-s 曲线位于桩长 500 mm 的单桩 Q-s 曲线之上。也就是说,当桩长从 500 mm 增大到 700 mm 时,当桩顶承受相同荷载时,后者比前者的沉降小;当发生相同位移时,后者比前者承受了更大的荷载。这说明,当桩长增大以后,群桩中单桩的承载力得到了提高。

4.4.4 桩筏基础中不同位置单桩工作性状的差异

将 $4D$ 桩距桩筏基础的角桩、边桩和中心桩的 Q-s 曲线绘在一起,如图 4-27 所示。

由图 4-27 中可见,同一桩基中各桩承载力的发挥是有差异的,是非同步的,桩基承台接受的荷载并非均匀分配到各桩桩顶。无论是 500 mm 桩长,还是 700 mm 桩长,都是角桩分担的荷载最大,边桩次之,中心桩最小。这是因为桩土相互作用形成的桩土效应使得桩侧摩阻力难以充分发挥,在中心桩中表现得最突出,边桩次之,角桩最弱。

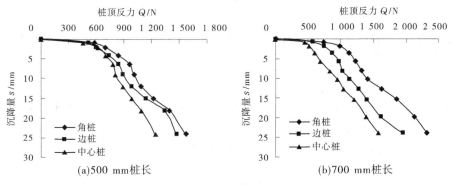

(a)500 mm桩长　　　　　　　　　　(b)700 mm桩长

图 4-27　不同位置单桩的 $Q\text{-}s$ 关系曲线 ($S=4D$)

第5章　桩筏基础荷载分配及沉降模型试验

为了探究和还原桩筏基础中桩基和筏板随施工过程中结构自重增加的荷载分配规律以及桩筏在此过程中的沉降变化规律,本章采用缩尺模型进行加载试验。试验主要研究桩顶竖向荷载、筏板基底反力、筏板测点沉降随结构荷载变化的关系规律。

5.1　模型试验设计

5.1.1　缩尺模型比例及尺寸

高层建筑桩筏基础目前在高层住宅楼及商务办公楼中使用最为广泛,在选择桩筏基础模型尺寸方面主要参考住宅楼及办公楼的建筑结构布局。为了便于试验开展,更直观地研究桩筏基础的力学性能,试验原型的桩筏基础平面布置为正方形。试验原型为地上21层,层高为3 m,地上高度为63 m,原型楼体基础筏板边长为20 m,筏板厚度为1.2 m。试验部分只考虑建筑物自重荷载,不考虑可变荷载,通过盈建科建筑结构设计软件对原型结构进行计算,导出上部结构总荷载为102 000 kN。桩基础采取的是钻孔灌注桩,由于土层性质,桩基设计为摩擦桩型受力,桩基直径为800 mm,桩长为20 m。显然,体量如此巨大的建筑结构无法按照1∶1的比例开展试验,必须采取一定的比例进行缩尺。

模型缩尺比例的选择主要基于以下几点考虑:首先是试验的可操作性,包括试验成本、试验场地。一般来说,模型缩尺比越大,需要的材料越多、场地越大、吊装费用以及人工费用越多、制作周期越长。其次,较大的缩尺比模型所测得的数据更接近工程实际。相对而言,试验模型缩尺比如果太小将难以反映真实的桩筏刚度,虽然能节约场地成本等资源,但太过精细的结构构件尺寸不仅制作困难,也会影响测量的准确性,对测量仪器的精度要求也更高。综合考虑以上因素以及科研经费和场地限制,确定本试验所采取的模型缩尺比例 C_L 为1∶20。模型筏板和桩基均采用混凝土现浇制作,按缩尺比例1∶20取模型筏板的厚度为60 mm,取灌注桩直径为40 mm。

缩尺试验桩筏定位图如图5-1(a)所示,灌注桩成孔实图如图5-1(b)所示,模型框柱定位图如图5-2所示。试验布置上部结构有两个用途,第一是模拟原结构上部的刚度,第二是为上部配重分级加载形成一个操作平台。

考虑到尽量简化试验过程以及本着结构传力尽量明确直接的原则,仅布置一层楼面。缩尺试验楼面板采用钢板组合镀锌方钢管焊接而成,方钢管发挥结构梁柱作用相互焊接而成,钢板发挥楼板作用与方钢管梁柱焊接。组合钢管梁柱及钢板结构模型楼面布置如图5-3所示。

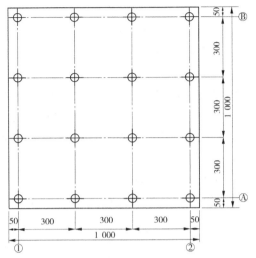

(a)试验桩筏定位图

(b)试验灌注桩成孔实图

图 5-1 试验桩筏布置图 （单位：mm）

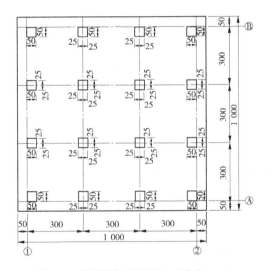

图 5-2 模型框柱定位图 （单位：mm）

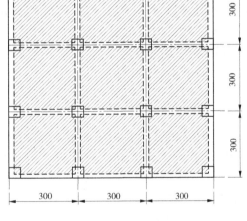

图 5-3 模型楼面布置图 （单位：mm）

试验场地选择在某管桩厂试验场地附近一处未经过硬化的院落内。模型试验所在片区土层首层厚度在 2.1~2.5 m,土层为粉质黏土,土层厚度及其主要物理力学性质由地质勘察资料获得。模型桩筏混凝土与实际工程混凝土采用同样的强度等级。

5.1.2　试验模型用混凝土的制备

混凝土是由水泥、砂、石子及一些添加剂在加水拌和以后经养护硬化而形成的一种建筑材料,应用范围极为广泛,常见的建筑物都是采用钢筋混凝土。与混凝土相比,钢筋具有较好的均质特性,但混凝土材质均匀性较差,即使采用搅拌良好的商品混凝土,其浇筑的构件混凝土也不具有完全相同的力学性能,不同部位的抗压强度仍具有较大的差别。混凝土的力学强度实际上是一定范围内的平均值,这就是混凝土强度的离散性。由于模型缩尺导致构件实际尺寸较小,实际浇筑时的振捣将会更加困难,对试验精度会产生不利影响。

混凝土的配合比指的是组成混凝土的水、水泥、粗骨料、细骨料之间的比例关系,一般以质量比表示。混凝土的强度等级根据《混凝土结构设计标准》(GB 50010—2010)按立方体抗压强度标准值 $f_{cu,k}$ 确定。立方体抗压强度标准值指尺寸为 150 mm×150 mm×150 mm 的试块按标准养护 28 d 龄期测得的具有 95% 保证率的抗压强度。常见的混凝土等级分为 C15、C20、C25、C30、C35、C40、C45、C50、C55、C60、C65、C70、C75、C80 约 14 个等级,其中 C60 及以上等级的混凝土为高强混凝土。按照常用的配合比配置,C30 混凝土的配合比根据坍落度要求和强度要求计算试配。

本试验从基础到上部结构均按照实际工程采取钢筋混凝土材料现浇,桩筏基础均采用 C30 混凝土。由于用量较小,所有的混凝土材料均采取自拌制备。普通的工程碎石由于粒径较大,无法应用到缩尺模型的浇筑中。经对模型的配筋间距计算以及按照等比例缩尺原则综合考虑,自拌混凝土石子粒径不宜大于 5 mm,选择花岗岩细石骨料并用人工筛选的方法确保拌和的碎石料粒径符合要求。

在制备不同强度等级的混凝土时,水泥的强度及含量是控制混凝土强度等级的核心因素,水泥选择 P·O 42.5 普通硅酸盐水泥。根据《普通混凝土配合比设计规程》(JGJ 55—2011)计算混凝土重量配合比如下:水泥:砂:石子:水 = 1.00:2.58:4.90:0.70。考虑到试验时期气温较低,加入 4%~6% 的早强防冻剂。采用电子秤对配置容器进行置零后,按照上述配合比称量水泥、砂、石子。

5.1.3 试验模型用钢筋的制备

原型筏板配筋采用 C16@160 双层双向通长配置(C 表示 HRB400 钢筋,下同),每延米配筋面积为 1 260 mm²,按照模型等比例缩尺原则,模型配筋面积不小于每延米 63 mm²。由于原工程均采用三级钢,模型缩尺以后考虑到钢筋分布间距不宜过大,直径应尽量缩小,且采用的钢筋应便于试验加工。最终决定采取 12 号镀锌铁丝作为试验模型的钢筋等代品。镀锌铁丝与三级钢的抗拉强度相似,因此试验筏板配筋采取直径为 2.8 mm 的镀锌铁丝,间距 50 mm,双层双向通长配置。

原型工程灌注桩的主筋配筋为 16C16,灌注桩直径为 800 mm,配筋面积比例为 0.65%。试验模型桩的直径为 40 mm,配筋为 8 mm² 便符合设计要求,试验桩基配筋采取 4 根 12 号镀锌铁丝等,如图 5-4 所示。

试验模型上部采用钢结构,柱采用截面 50 mm×50 mm、壁厚 1 mm 的 Q235 镀锌钢管,平台梁采用截面 20 mm×20 mm、壁厚 1 mm 的 Q235 镀锌钢管,楼面平台采用厚度为 2 mm、平面尺寸为 900 mm×900 mm 的 Q235 钢板,下料及制作过程如图 5-5 所示。

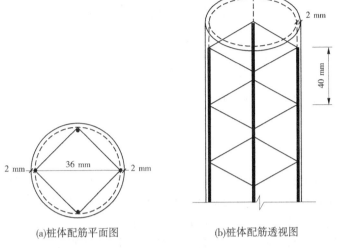

(a)桩体配筋平面图　　　　　　(b)桩体配筋透视图

图 5-4　桩体配筋示意图

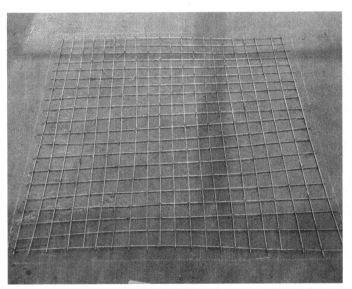

(a)筏板钢筋制作

(b)灌注桩钢筋制作

(c)上部结构制作

图 5-5　构件制作图

5.2　测试元器件的布设

在试验模型基础钢筋绑扎完成及模板支挡完成之后,还需要将本次试验所用到的土压力盒预埋在筏板地基土中,将钢筋计预埋在灌注桩头与筏板交接部位,且钢筋计与筏板主筋及灌注桩主筋均应焊接,确保刚性连接。完成筏板浇筑后还需要在筏板上表面测点位置布置位移计。

5.2.1　钢筋计布置

本试验主要是研究桩顶整体竖向反力。钢筋计的埋设是为了测量桩体竖向反力,考虑到试验模型桩体直径较小,普通的钢筋计直径与之相似,在本试验中创新性地采用钢筋计两端与桩头和筏板整体焊接浇筑。钢筋计按照元件布置平面图 5-6(a)进行定位。根据本试验需要选择 3 个桩位进行布置,每个需要安装钢筋计的灌注桩在桩头位置预留应力计占用长度,钢筋计的埋设应在试验灌注桩灌注完后立即展开,将桩身钢筋与钢筋计端部直接焊接,将应力计端头与灌注桩之间的空隙用混凝土继续填充密实,浇筑完成后应力计外露端头插入预计浇筑的筏板 50%的长度。

5.2.2　土压力盒布置

关于土压力盒布置测点的选择,本次试验按照从筏板中心到筏板边缘均匀扩散的排布方式布置,土压力盒从控制试验的精确度来说,排布越密集,对于地基压力的测量越精确,但同时试验程序更复杂,需要的土压力盒也更多。考虑到试验成本和复杂程度,本试验选取了几个具有代表性的位置作为基底反力的测量点,从筏板中轴到边缘分布,共计 3 个土压力盒测点[见图 5-6(a)]。

筏板下地基土压力盒的埋设应在筏板钢筋铺设绑扎前完成。埋设前应按照元件布置图放线定位确定测点位置,用旋挖铲开挖与土压力盒直径及厚度大小一致的坑点,埋设土压力盒前坑底铺设一层薄砂以便更好地使土压力盒与地基土接触受力。为了便于土压力盒回收,在土压力盒埋入土体之前在其表面涂抹一层黄油,在其侧面包裹一道牛皮纸,埋入前,土压力盒导线同时埋入土体并从侧面土中引出。土压力盒埋入后,在其上表面涂抹厚度为 10 mm 左右的水泥砂浆将孔口封堵。

5.2.3　百分表布置

基础沉降观测通过在筏板上部安装百分表实现。上部结构施工完成且筏板养护至预定强度后,在上部荷载加载之前,于筏板上表面确定 W1、W2、W3、W4、W5 共 5 个沉降测点,如图 5-6(a)所示。百分表归零后表头顶住筏板上部,通过磁力万向表座固定在筏板四周的钢基座上,如图 5-7 所示。

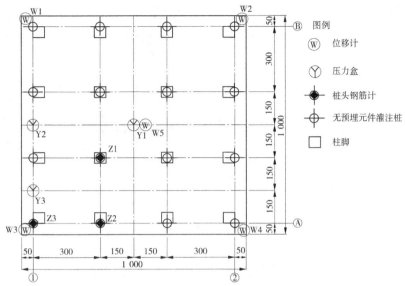

(a)元件布置平面图

(b)预埋器材布置实物图

(c)土压力盒埋布实物图　　　　　　　(d)钢筋计埋布实物图

图 5-6　元件布置图　（单位：mm）

(a)百分表实物布设图   (b)百分表读数实物图

图 5-7 位移计布置图

5.3 桩筏基础模型试验加载

本节试验主要模拟高层建筑桩筏基础由建筑结构自重引起的基础地基应力应变及沉降情况。试验主要测量桩筏基础在分级加载条件下的桩顶反力、筏板基底反力、筏板沉降共 3 个参数。工程原型共 21 层,用盈建科建筑结构设计软件建立原结构模型,计算并导出上部结构自重。原工程上部结构 21 层恒载合计 102 000 kN。按照模型缩尺比例 1:20 进行折算,加载所需的上部荷载为 12.75 kN。

5.3.1 加载方法

原楼层共 21 层,第一层用预制钢结构制作而成,剩余 20 层考虑到对试验加载的控制,并且减少试验复杂程度和试验成本,采用烧结普通砖作为加载配重模拟楼层荷载。减去第一层框架的自重,剩余需要的总加载荷载为 12 kN,分为 10 级加载,每一级加载 1.2 kN,起始加载级为首层框架自重,加载值如表 5-1 所示。

表 5-1 试验分级加载值

加载等级	竖向荷载值/kN	荷载增量/kN
第 1 级	0.75	
第 2 级	1.95	1.2
第 3 级	3.15	1.2
第 4 级	4.35	1.2
第 5 级	5.55	1.2
第 6 级	6.75	1.2
第 7 级	7.95	1.2
第 8 级	9.15	1.2
第 9 级	10.35	1.2
第 10 级	11.55	1.2
第 11 级	12.75	1.2

5.3.2 加载配重

试验 10 级加载总计需要 12 kN(合计 1 200 kg)的加载配重。为了更贴近工程实际，同时为了更好地满足试验的可操作性，采用烧结普通砖作为加载配重。经试验称重计算，将尺寸为 240 mm×115 mm×53 mm 的烧结普通砖按照每组 36 个的布置方式码放在加载平台上，达到每一级 1.2 kN 的配置要求。配重称量及实际加载如图 5-8 所示。

(a)配重称量 (b)加载实物图

图 5-8 配重称量及实际加载图

5.3.3 试验结果分析

5.3.3.1 桩顶竖向力

桩筏基础在传统的设计中一般是不考虑筏板承载力的，而在实际施工中，筏板并非是和地基土体悬空脱开的，施工设计是要求筏板下地基土体达到较高的压实度，使筏板与土体紧密接触，因此一旦发生筏板与土体的相对位移，筏板必将承担一定的反力。通过试验研究不同位置桩顶在不同荷载及筏土相对位移情况下的竖向力分担规律有助于桩筏基础加固补桩的定量定位。试验测得的桩顶竖向力变化曲线如图 5-9 所示。

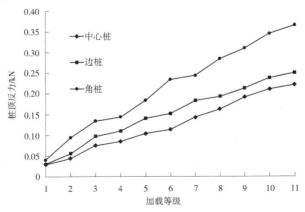

图 5-9 桩顶竖向力变化曲线

从第一次加载试验的结果来看,角桩与边桩的桩顶反力较大,中心桩的顶部反力最小,且随着上部荷载的增加,角桩分担的桩顶反力比例进一步增大。由于试验模拟的是摩擦桩的受力状态,桩受力主要通过桩侧土体承担,即主要通过桩侧摩阻力扩散桩顶荷载,因此试验土体产生了典型的群桩效应,造成筏板中部的沉降量最大,且中心桩虽然随着筏板的荷载作用沉降量较大,但土体与桩整体位移,因此并未承担较大的竖向反力。角桩、边桩与中心桩受力的不同之处在于桩顶部的弯矩作用不同。由于筏板边角部位桩顶弯矩较大,桩身向桩侧土体内偏压,因此实际而言,边桩和角桩承受的桩侧摩擦力远大于中心桩,相对竖向刚度也更大。实际桩筏基础受力传递时力的分布总是竖向刚度越大,分担的荷载越大,因此边桩和角桩分担的竖向荷载较多。由于筏板的碟式沉降特点及架越作用,角桩位置沉降最小,受荷最大。对于端部是承载力较大岩土层的端承桩来说,桩顶反力将会呈现完全不同的分布结果。

5.3.3.2　筏板沉降

高层建筑桩筏基础的沉降主要取决于上部结构的荷载情况以及基础形式和地基性质。针对桩筏基础在不同荷载下的沉降规律研究,可以更好地指导具有此类基础形式的高层建筑的加固纠倾,在此类高层建筑发生不均匀沉降时,可以选择更合适的加固方案。

由布设在筏板上的百分表对 5 个观测点进行观测,记录每一级加载后的筏板沉降值。《建筑变形测量规范》(JGJ 8—2016)对建筑沉降达到稳定状态有相关规定,以最后 100 d 的最大沉降速率小于 0.04 mm/h 时的状态为沉降稳定状态。参考此规定且考虑到试验实施,以沉降速率小于 0.01 mm/h 时的读数作为每级沉降稳定值。试验测得的各点沉降与荷载关系曲线如图 5-10 所示。各不同角点的沉降发育较为平缓,由于缩尺试验测得的沉降量十分微小,测得数据受环境影响较大,风速及测量时的振动均会影响测试结果,因此获得的数据扰动离散性很大,但测得的沉降值对于描述土体的沉降规律而言可以满足试验要求。

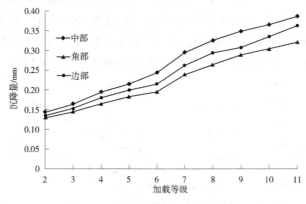

图 5-10　筏板荷载-沉降关系曲线

从筏板荷载-沉降关系曲线可以看出,筏板中心位置沉降量最大,角点位置沉降量最小。初始加载开始时筏板的中心位置与其余各点沉降差较小,随着荷载的逐级增加,各点的沉降差越来越大,筏板不均匀沉降越来越严重,但是经过第 9 级加载以后,不均匀沉降差开始减少,且最终整体沉降差小于第 9 级以前的最大沉降差。这说明桩筏基础在沉降过程中平均沉降量是随荷载增加的,但是不均匀沉降的差异可能是减少的。由于上部结构刚度的约束和土体的沉降固结,上部结构变形和基础应力重分布缓慢发生,不均匀沉降较最初情况会有所减少,这种减少是相对于筏板中心和筏板边缘而言的,基础随不均匀沉降的应力重分布无法调平,加剧了筏板的不均匀沉降程度。

5.3.3.3　筏板下基底反力

筏板下的基底反力反映了筏板作为桩筏联合基础一部分所分担的上部荷载。桩基分担的荷载通过在桩头安装的应力计测得,筏板底部基底反力(基底反力)由预先埋入土体的土压力盒测得。根据测得的数据绘制了随上部荷载等级增加,基底反力的变化曲线如图 5-11 所示。

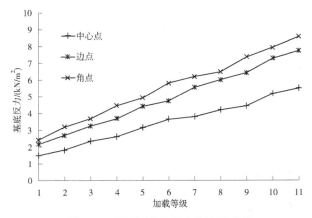

图 5-11　荷载–基底反力的变化曲线

由荷载–基底反力关系图可知:初始加载阶段,基底反力的分布差异已经显现,中心点的反力最小,边点和角点的反力差异不是太大。随着上部荷载的增加,边点和角点的基底反力增加幅度最大,二者增量基本相同,随着荷载的进一步增加,中心点位置的基底反力增加幅度越来越小,待加载完成时几乎停止增长。筏板和桩基础是整体连接的,由于角部试验埋设的土压力盒位置靠近上部结构柱根位置,测得的土压力结果存在偏压现象,导致测得的角部土压力偏大。尽管存在试验误差,还是能反映出土体反力随上部结构增加的变化特点,即筏板基底角部荷载>边部荷载>中心荷载,这与筏板的架越作用现象较为符合。筏板中部土体压力一直较小,说明筏板中部土体的承载力利用不够充分。由于桩位在土体中心范围分布较密,土体扰动严重,承载力削弱严重,进一步加剧了基础传力的架越作用。实际工程中针对类似情况,可对这种位置的土体进行补强,从而充分发挥地基土的承载力。

5.4　桩筏基础模型加固

本节研究高层建筑桩筏基础采用锚杆静压桩法进行基础加固后由自重引起的基础应力应变及沉降特征。试验主要研究桩筏基础在各级加载下随不同补桩位置的桩顶反力分配规律、筏板的基底反力变化规律及筏板沉降变化规律。

5.4.1　加固方法

采用补桩加固法,最关键的是锚杆静压桩桩位的选择。在桩位布置设计过程中,需要根据既有建筑物不同部位的沉降程度布置不同数量的锚杆静压桩。一般而言,先根据地质勘察资料提供的土层桩侧摩阻力和端阻力选择合适的持力层,计算出相应的桩的极限承载力,然后根据不同部位沉降情况进行试布,应用数值模拟软件或者建筑结构设计软件对试布的桩筏基础进行数值计算,多次调整直至设计补桩后的基础沉降差与不均匀沉降差相抵消,可认为加固桩位满足设计要求。

本次试验主要研究补桩桩位及数量对沉降控制的影响,未设定不均匀沉降工况,共设置 3 组补桩对照试验。试验模型采用的静压桩为直径 16 mm 的螺纹钢筋,锚杆桩的长度为 1.0 m,与原桩基长度相等。按照试验场地的地质勘察资料,计算出锚杆桩的极限承载力为 $26×3.14×0.016=1.31(kN)$。实际锚杆桩承载力应以试桩压桩结果为准。试验将补桩分为 M1、M2、M3 共 3 组桩,按照从筏板中心到筏板四周扩散性布置,以筏板中心点呈中心对称布置,如图 5-12 所示。

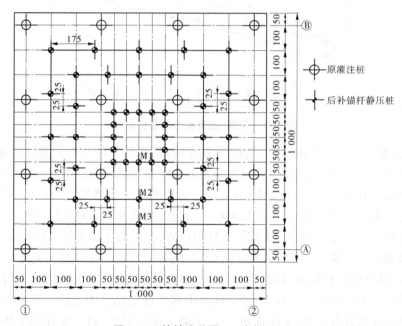

图 5-12　补桩定位图　(单位:mm)

5.4.2　压桩方法

锚杆静压桩是将预制钢管桩或预制混凝土桩在原有建筑基础已经完成的平台上,以静力加载设备将其压入地基土中,并以原建筑自重力为约束进行锚固的一种基础加固方法,锚杆静压桩的锚杆可以是后加的,采用膨胀螺栓在原基础固定或采用化学制胶开孔连接。常用的压桩设备为液压反力架,常用的锚杆采用结构胶在桩筏及桩承台上钻孔植入。锚杆静压桩作为后种桩,可以迅速提高基础的承载力,达到止沉甚至顶升原建筑基础的效果。

对于本试验来说，由于筏板只有 1 m² 的作业平台，且缩尺比例较小，无法安装常规的反力架。按照缩尺比例定制小型反力架，经过咨询定制厂家，无法实现订制 1:20 的缩尺比例反力架，最小的反力架也有 1 m 多高，这显然是无法满足试验要求的。基于反力架的原理是利用原建筑物自重作为反力，只要最终反力的约束是筏板即可达到同样效果，在本试验中创新性地采用一种更为简便的压桩方法。该方法经试验测试可行，操作便捷。原理如图 5-13 所示。

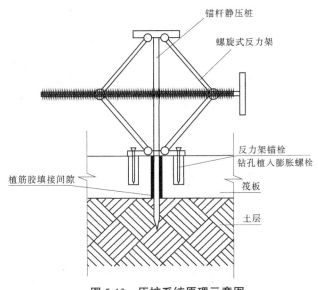

图 5-13　压桩系统原理示意图

按照图 5-12 所示的补桩位置图，在筏板浇筑初期预留补桩锚固所需的预埋锚点。用粉笔按照图 5-12 所示的桩位图进行放线定位，误差控制在 10 mm 以内，采用冲击钻头在筏板上钻孔。由于本试验是缩尺模型，在试验过程中操作人员的体重相对于建筑模型是不可忽视的影响因素，因此钻孔时严禁操作人员站在筏板上。钻孔过程中应保持钻孔孔壁的垂直，用三角尺控制垂直度。由于在前期筏板制作时运用了铁丝网编制的筏板钢筋，补桩开孔时需要避开钢筋，允许有 10 mm 的孔位偏差。

压桩现场如图 5-14 所示，按照从内圈到外圈的压桩顺序，每组 16 根桩，每次压桩完成后进行试验数据测量统计。

5.4.3　试验结果分析

补桩试验共分为 3 组进行，每组按照从内圈到外圈的顺序从 M1 到 M3 进行，每组压桩结束后进行沉降、原桩竖向力、筏板基底反力的仪表读数并记录。

（1）M1 补桩后的桩顶反力、筏板沉降、筏板基底反力随上部荷载增加的关系曲线，经数据整理后如图 5-15～图 5-17 所示。

按照 M1 补桩方式对缩尺筏板进行了补桩试验，并进行了加载试验，试验结果表明：补桩加固对减少原桩顶竖向反力有显著效果。如图 5-12 所示，按照 M1 补桩方式对筏板最内圈进行补桩加固，补桩后桩顶反力如图 5-15 所示。与图 5-9 中 M1 补桩前桩顶反力

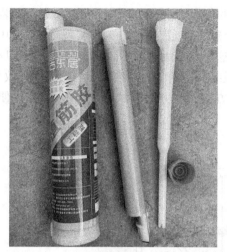

(a)植筋胶　　　　　　　　　　(b)压桩

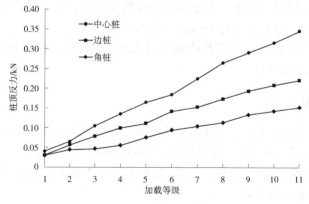

(c)加固完的筏板

图 5-14　模型压桩现场

图 5-15　M1 补桩后荷载–桩顶反力关系曲线

结果相比,经试验加载后,中心桩桩顶反力较未加固状态产生了较大减少,边桩和角桩减少的桩顶反力值次之。

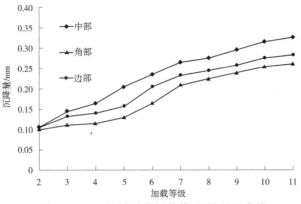

图 5-16　M1 补桩后筏板荷载–沉降关系曲线

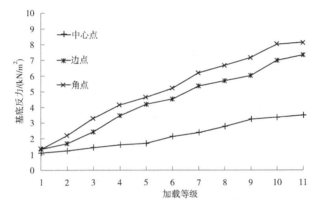

图 5-17　M1 补桩后筏板荷载–基底反力关系曲线

对比图 5-10 未加固筏板荷载–沉降关系曲线,图 5-16 中经过 M1 加固后的筏板最终沉降有了明显减少。第一体现在平均沉降量的减少,各测量点均出现了沉降数值的减少;第二体现在最大沉降差减少上,经过 M1 方式的补桩后,最终加载完成后角部和中部沉降差较未加固的 0.5 mm 降低到 0.3 mm,M1 补桩后的减沉效果十分明显。M1 加固后筏板中部沉降随加载等级的增加,曲线曲率较加固前变得更小,加固后中部沉降曲线变化更平缓。加载等级 1 到加载等级 7 期间,M1 筏板中部沉降量基本随加载等级增加而增大,且其沉降曲线曲率开始较大,随着工况增加逐渐减小,在达到加载等级 7 以后其曲率基本固定。说明 M1 补桩增加了桩筏基础中部的竖向承载刚度。

图 5-17 是 M1 补桩后筏板的荷载–基底反力关系曲线,对比未加固的荷载–基底反力关系曲线(见图 5-11),加载等级 1 筏板中心点基底反力从 1.5 kN/m² 降低到 1.1 kN/m²,土体反力关系曲线变化更平缓。筏板边点和角点的基底反力变化相比较小,其中边点和角点的基底反力从加载等级 1 时的 1.6 kN/m² 降低到 1.4 kN/m²,这两点的土体反力关系曲线较图 5-11 未加固土体荷载–基底反力关系曲线相比变化较小。M1 补桩后筏板中心点最终土体反力从未加固时的 4 kN/m² 减少到 3 kN/m²,边点最终土体反力从未加固时的 8 kN/m² 减少到 7.8 kN/m²,角点最终土体反力从未加固时的 8.9 kN/m² 减少到 8.5

kN/m²。M1 补桩方式对于减少筏板中部的基底反力效果最好,由于土体反力沿着最短路径扩散,M1 距离筏板中心点最近,对中心点基底反力分担的效果最好。

（2）在 M1 补桩基础上进行了 M2 方式的补桩,得到了 M12 加固状态下的桩顶反力、筏板沉降、基底反力随荷载增加的关系曲线,经数据整理后如图 5-18~图 5-20 所示。

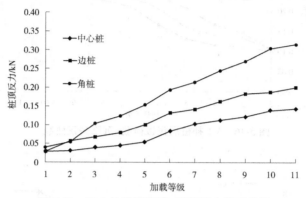

图 5-18　M12 补桩后荷载–桩顶反力关系曲线

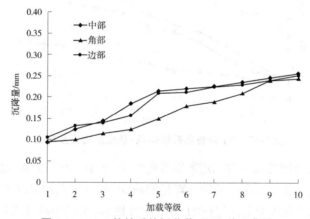

图 5-19　M12 补桩后筏板荷载–沉降关系曲线

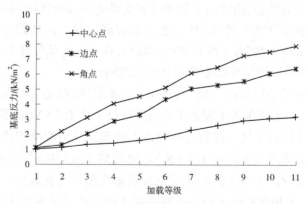

图 5-20　M12 补桩后筏板荷载–基底反力关系曲线

在 M1 基础上进行 M2 圈加固,从而得到 M12 补桩结果,M12 所得的桩顶反力如图 5-18 所示。对比 M12 和 M1 荷载−桩顶反力关系,加载完成时,中心桩桩顶荷载从 M1 状态时的 0.16 kN 减少到 M12 时的 0.12 kN;边桩的桩顶荷载从 M1 时的 0.36 kN 减少到 M12 时的 0.33 kN;角桩桩顶荷载从 M1 时的 0.22 kN 减少到 M12 时的 0.20 kN。在进行 M2 加固后,中心桩和边桩分配的竖向反力出现明显减少,角桩竖向荷载的减少量较小。由于 M2 圈补桩位置距离中心桩位置仍最近,距离角桩位置最远,因此原桩顶反力的减少保持着这样一个规律,距离越近,对相邻桩位的竖向反力分配越多。

在 M2 补桩后,得到了 M12 补桩状态下的筏板荷载−沉降关系曲线,如图 5-19 所示。与图 5-16 时的 M1 荷载−沉降曲线相比,筏板中部最大沉降量从 M1 时的 0.29 mm 减少到 M12 时的 0.26 mm;筏板角部最大沉降量从 M1 时的 0.25 mm 减少到 M12 时的 0.24 mm;筏板边部最大沉降量从 M1 时的 0.27 mm 减少到 M12 时的 0.26 mm。可以看到,经过 M1、M2 加固后的 M12 补桩状态下,筏板的最大不均匀沉降从角部和中部的 0.03 mm 沉降差转换为图 5-19 筏板中部和边部的 0.02 mm 沉降差。经过 M1 和 M2 两圈位于筏板中部范围的补桩后,筏板的中部竖向承载刚度得到了很大加强,整体平均沉降继续减少的同时筏板不均匀沉降得到了根本控制。

图 5-17 和图 5-20 是 M2 补桩前后筏板荷载−基底反力的变化曲线,可以看到 M12 补桩后基底反力减少最大值出现在筏板边点,加载结束后筏板边点的基底反力从 M2 加固之前的 7.2 kN/m² 减少到 M2 加固后的 6.5 kN/m²;筏板中心点的最大基底反力从 M2 加固前的 3.2 kN/m² 减少到 M2 加固后的 3.0 kN/m²;筏板角点的最大基底反力从 M2 加固前的 8.1 kN/m² 减少到 8.0 kN/m²。M2 补桩位置距离筏板边点及中点距离接近,距离角点最远。筏板中心点的基底反力减少量与角点反力接近,而边点基底反力却是减少最多的,由于筏板中部地基刚度的增加,不均匀沉降的较少,筏板下地基土的土体承载力得到了提升,因此中部的基底反力减少量较小。但是更多的荷载通过补桩扩散到土层中,整体基底反力得到了减少。

(3)在 M12 补桩基础上进行了 M3 方式的补桩,并进行加载试验,得到了 M123 加固状态下的桩顶反力、沉降、基底反力随上部荷载增加的关系曲线,经数据整理后如图 5-21 ~图 5-23 所示。

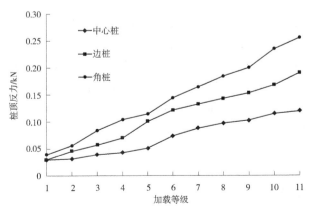

图 5-21　M123 补桩后荷载−桩顶反力关系曲线

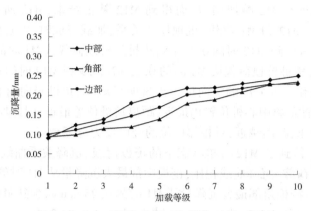

图 5-22　M123 补桩后筏板荷载-沉降关系曲线

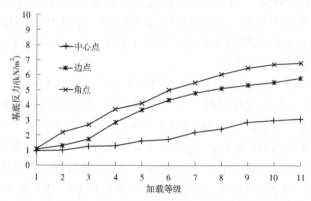

图 5-23　M123 补桩后筏板荷载-基底反力关系曲线

在 M12 的基础上进行 M3 补桩试验,如图 5-12 补桩定位图所示,M3 为补桩位置最外圈,距离边桩及角桩最近,距离中心桩位置最远。经过 M3 补桩后得到的状态为 M123,桩顶反力随加载等级变化曲线如图 5-21 所示。由 M123 补桩后荷载-桩顶反力关系曲线可以看到,角桩竖向反力较 M12 减少最多,边桩次之,中心桩在 M3 加固后几乎没有发生太多减少。

对比筏板进行 M3 补桩前后的荷载-沉降关系曲线如图 5-19 和图 5-22 所示。M123最大沉降出现在筏板中部,沉降差最大的位置是中部和边部,最大沉降差从 M12 时的0.02 mm 变为 0.025 mm。其中,筏板中部最大沉降量从 M12 时的 0.26 mm 变为 M123 时的 0.25 mm;筏板角部最大沉降量从 M12 时的 0.24 mm 下降到 M123 时的 0.22 mm;筏板边部最大沉降量从 M12 时的 0.26 mm 下降到 M123 时的 0.22 mm。在经过 M3 位置的补桩后,筏板的最大沉降差反而增大,从 M12 时的 0.02 mm 扩大到 M123 时的 0.025 mm。M3 的补桩方式提高了外圈的桩筏基础刚度,减少了外圈的平均沉降,此时由于 M3 距离筏板中心较远,因此虽然平均沉降得到了进一步减少,但筏板中部的不均匀沉降进一步扩展。对于不均匀沉降控制而言,补桩位置比补桩数量更重要。

经过 M3 补桩后,筏板边缘基底反力得到了明显的减少,筏板中心点基底反力几乎没有减少。如图 5-20 和图 5-23 所示,筏板中心点的基底反力从未经 M3 加固时的 3.0 kN/m²

降低到 M123 状态时的 2.9 kN/m²；筏板角点的最大基底反力从未经 M3 加固时的 8.0 kN/m² 降低到 M123 时的 7.1 kN/m²；筏板边点的最大基底反力从未经 M3 加固时的 6.5 kN/m² 减少到 M123 时的 6.1 kN/m²。与 M2 加固时的表现相似，M3 距离筏板边点最近，但是应力减少不是最大的，由于补桩后的挤土作用增强，地基土刚度继续增大，土体承载性能有所提升。

通过上面 3 种不同桩位的补桩试验，探究了不同位置补桩加固对桩筏的沉降影响、桩顶反力分配影响以及地基土体反力影响规律，得出以下主要结论：

（1）荷载等级越大，桩筏基础碟形沉降越明显，筏板平均沉降量及最大沉降差越大，不同位置桩顶反力差及基底反力差越大。随着上部荷载的增加，筏板下土体压缩，桩体与土体相互作用产生竖向滑移，由于结构布置特点，筏板中心范围竖向荷载最大，筏板中心受弯最大，变形最大。随着荷载增加，群桩效应增强，碟形沉降加剧，同一土体平面筏板四周土体承载力更大，表现为筏板角桩反力及角部基底反力最大、中心桩反力及中心基底反力最小。

（2）补桩位置距离原桩越近，原桩反力减少越大，相应位置沉降量减少越多。通过内、中、外三圈补桩试验表明，相同补桩数量下，内圈补桩后筏板沉降差减少量最大，在中圈补桩后筏板各点沉降差达到最小，外圈补桩后筏板沉降差无明显减少。在满足基本桩距的情况下，补桩数量越多，筏板平均沉降越小。由于采用锚杆静压桩逆作施工，且内、中、外三圈补桩桩距均较大，新加桩群群桩效应较小，每一圈补桩数量相同，每一圈补桩后筏板平均沉降均出现了相近幅度的减少。

第 6 章　桩筏基础不均匀沉降的数值模拟分析

6.1　概　述

普通的结构构件,如梁柱节点或剪力墙等局部强度研究或加固研究,可以在室内实验室做到1:1的等尺度试验,可以根据试验需要采用实验室各种形式的压力机等加载设备进行加载试验模拟结构构件的受力,也可以采取对构件各个方向施加约束的方法模拟构件的边界条件,对于结构构件的局部研究,实验室的可操作性较强。与之不同的是,沉降试验的对象往往是体量巨大的钢筋混凝土建筑物及构筑物,且研究的目标聚焦于结构整体而非局部,需要对整体结构以及结构基础下地基岩土体进行整体研究,既牵扯到结构内力分析也贯穿着岩土特性的分析,是两种学科的交叉研究。鉴于此,桩筏基础的沉降试验显然是无法在室内实验室进行等比例实施的,对于高层建筑桩筏基础沉降控制研究动辄几十到上百米高的研究对象更是几乎不切实际的。对于结构整体沉降、结构应力应变以及地基土体压力的全面准确测量很难实施。

有关建筑结构整体受力的物理试验研究往往采用缩尺模型试验,采取较小比例的模型可以在不占用巨大资源的情况下达到和试验原型接近的试验效果。缩尺试验可以在实验室进行,可以控制试验进程,可以较大程度等效还原结构整体性受力情况,也可以按照缩尺理论根据模型试验结果对实际工程情况进行合理的评估,得出具有参考意义的试验结果。但是由于结构的离散性及缩尺过程中一些无法规避的误差,所得到的试验结果精度往往达不到预先期望值,其准确性无法考量,得到的结果往往是定性的而非定量的,对于实际工程应用存在较大的局限性。

鉴于以上物理试验的种种不足,无论是出于试验实施的经济性考量,还是出于对缩尺试验不足之处的补充印证,计算机有限元数值模拟都是不可或缺的重要研究手段。通过运用有限元数值模拟软件,针对试验对象进行相关受力情况计算模拟,得到结构整体刚度情况以及内力分布情况,可以将结构计算分析与岩土变形、内力变化情况通过图文数据直观展现出来。在当前的计算机水平以及有限元软件的开发设计深度下,模拟得到的结果不仅可以对结构和土体位移和形变进行定性分析,同时能达到相当高的定量分析精度,可以准确预判出实际工况特征。正确地运用岩土和结构本构模型以及模型物理参数可以对实际工程设计施工提供有效指导。计算机软件终究是工具,深刻理解软件背后的计算模拟思想,准确选择合适的物理参数以及符合工程实际的本构模型,是数值模拟结果能否真实还原实际工况的关键因素,数值模拟的过程是计算机软件的使用过程,同时更是深刻理解数值计算理论的过程。

6.2　模型与参数选取

自 20 世纪下半叶计算机硬件及软件迎来迅猛发展和广泛普及的同时,有限元数值模拟软件也产生了革命性的应用发展,涌现出了许许多多优秀的通用有限元分析软件。常见的通用有限元分析软件如 ABAQUS、ANSYS、SAP2000 及 Midas 等都具有强大的计算分析功能,都具有各自擅长的分析领域。Midas/GTS 是由韩国 MIDAS IT 公司开发研制的一种主要针对岩土与隧道分析设计的专业三维有限元软件,自 2005 年进入我国国内市场以来,以其十分便捷的操作界面、强大的前后处理功能以及完全中文化的应用语言而被国内广大的岩土工程专业人士所推崇喜爱。

GTS 是 geotechnical and tunnel analysis system 的缩写,是 Midas 的岩土模块,可以运用于岩土工程施工阶段模拟以及土体各阶段孔隙水压和固结沉降计算等。经过多年的发展和诸多工程案例的成功实践,证明了 GTS 是市面上最优秀的土木有限元软件之一,基于其完全中文化的操作语言及较高的准确性,本章选择 Midas/GTS 作为数值模拟软件。以第 5 章所选用的实际工程为依托,探究不同加固手段对桩筏不均匀沉降的控制效果和桩筏荷载沉降规律,在印证缩尺模型试验结果的同时探索更多的加固方案对高层建筑桩筏基础不均匀沉降控制效果的影响。本章主要以工程原型的建模过程贯穿各本构模型及物理参数的选取,全方位展示数值模拟研究过程,以说明模拟结果的合理性。GTS 的建模流程主要分为以下几个步骤:①几何尺寸定义;②材料定义;③属性定义;④网格划分;⑤边界荷载定义;⑥施工阶段定义;⑦分析工况定义。

6.2.1　几何尺寸的确定

GTS 软件既可以导入第三方软件的数据文件,如常见的 AutoCAD DXF(2D/3D),也可以直接在 GTS 中利用其自带的几何工具进行建模。由于本试验的模型本身并不需要复杂的几何建模,因此直接采用软件自带的建模方式建模。

根据 GTS 用户手册给出的建议值,土体的长宽范围一般取基础范围的 3~5 倍,土层的厚度范围一般根据桩长埋深取桩长的 1.5~2 倍,按照这个范围建模既不会因模型太大降低计算效率,又不会因为取值太小而影响计算精度。因此,本试验的土体范围长×宽×深取 150 m×75 m×30 m,将桩筏基础居土体平面中心布置。将建筑物平面轮廓线绘制完成后需检查确保线条端点的连接耦合。几何模型的建立需要依靠点线面的扩展生成相应的线面及实体,将形成的平面图交叉分割得到各小线段,在模型建立之前将所需要的线及实体预先分割设置,以便于后面各构件的几何形成。模型建立本着从局部到整体、从内部到外部的顺序,由于本试验研究的主要对象是基础和土体,因此首先生成桩筏基础模型。以 GTS 几何菜单栏延伸扩展命令为基础,将高级过滤菜单设置到顶点位置及可执行以点生成面操作。桩基础与筏板刚性连接,长度为 20 m,由于交叉分割的重复操作,扩展完应检查重复线。对于筏板的建模,可以选择 2D 板单元析取出底板,也可以按照实体板单元扩展定义。由于筏板较厚,为了较为准确地获得筏板的内力变化,按照实体板单元建立其几何模型。桩筏基础几何模型建好后方可进行土层实体模型扩展。根据地质勘察报告,试验所在地土层 30 m 范围内分为 4 层土,相关的土层厚度及性质如表 6-1 所示。

表 6-1　土层有关参数

土层名称	平均厚度/m	弹性模量 E/MPa	黏聚力 c/kPa	内摩擦角 φ/(°)	泊松比 μ	重度 γ/(kN/m³)
粉质黏土	2	12.95	15.4	4.0	0.3	18.8
砂质粉土	5	17.0	11.0	28.5	0.3	19.02
黏土	6	17.93	66.6	14.7	0.3	19.33
粉质黏土	17	14.71	60	13.3	0.3	19.09

　　按照土层特性表确定的土层范围,建立土体模型,同样需要运用扩展实体命令,将总土体建立出来,在划分土层之前需要将土体与基础结构重叠部分消除,运用布尔运算的嵌固命令,以土体为目标,以筏板和地下室实体单元边线为辅助线,这样两种介质在计算时可以分别考虑。完成地下建筑的嵌入之后可以进行整体几何的划分。桩和墙柱以节点连接的方式与土体以及结构之间相互作用,因此在划分网格前必须保证结构和土体间有共同节点,软件通过自动印刻的方式实现实体识别内部存在的构件,这样在划分网格时会"迁就"这些代表构件线的节点,保证节点的共用,也就是所谓的"节点耦合"。几何建模的最后一步要进行自动连接,在不合并共享面的同时保证实体与实体之间相互识别。通过几何菜单曲面与实体的自动连接布尔运算命令形成实体间共享面,至此几何主体部分建模基本完成。

　　岩土体本构模型及结构材料的本构模型,涉及的物理参数包括弹性模量、泊松比、重度、黏聚力、内摩擦角等。这些参数的选择是影响数值模拟计算结果准确性的核心因素,本节在此给出本构模型及各物理参数选择的依据。

6.2.1.1　土体本构模型

　　GTS 软件提供了丰富的本构模型类型。对于弹性材料,有各向同性线弹性模型、线性弹性模型、横规各向同性弹性模型及邓肯-张模型等。对于塑性材料,有 Mohr-Coulomb、范梅赛斯模型、德鲁克-普拉格模型及修正剑桥-黏土模型等。

　　由库仑公式表示莫尔包线的土体抗剪强度理论称为莫尔-库仑(Mohr-Coulomb)强度理论,也称莫尔-库仑理论。1776 年,法国物理学家(C. A. Coulomb)总结了土体的破坏现象和影响因素,首先提出了土的强度理论,其表达式为:

$$\tau_n = c + \sigma_n \tan\varphi \tag{6-1}$$

式中　　τ_n——土体相对位移面的切应力,kPa;

　　　　c——土体黏聚力,kPa;

　　　　σ_n——土体摩擦面的正应力,kPa;

　　　　φ——土体内摩擦角(°)。

　　该公式表明当土体上某一平面发生相对滑移产生剪切破坏时,作用在该平面上的切向应力不仅要克服土的黏聚力,还要克服由于摩擦面正应力带来的摩擦力。

1882 年,德国著名土木工程师莫尔(Mohr)对应力圆作了进一步的研究,提出借助应力圆确定一点的应力状态的几何方法,简称莫尔圆,如图 6-1 所示。当莫尔圆与库仑抗剪强度包络线相切时的状态称为土的极限平衡状态。此时的莫尔圆即称为极限应力圆或破坏应力圆。一对破坏面即称为剪切破坏面,简称剪破面。

莫尔在库仑早期研究的基础上继续研究提出了剪切破坏理论,认为土体在发生破坏的剪切面上主应力 σ 和抗剪强度 τ_f 间存在函数关系:$\tau_f = f(\sigma)$。至此将莫尔和库仑两种理论结合起来形成了如今的 Mohr-Coulomb 理论。Mohr-Coulomb 模型将岩土体看作理想弹塑性材料,如图 6-2 所示。

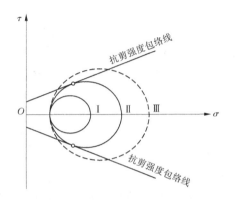

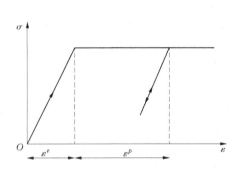

图 6-1　莫尔圆与抗剪强度包络线关系　　　图 6-2　理想弹塑性本构关系

对于岩土体模型来说,目前工程中使用最为广泛的本构模型是 Mohr-Coulomb 模型。由于 Mohr-Coulomb 模型破坏准则相对简单准确,同时其所需要的土体参数获取较为方便,一般情况下,地质勘探资料可以提供大部分所需物理参数。在本试验中岩土体也采用 Mohr-Coulomb 模型。其中,反映土体弹性特征的参数为弹性模量 E 及泊松比 μ,反映土体塑性特性的参数为土的黏聚力 c 和土的内摩擦角 φ。除弹性模量 E 外,其余参数均可通过地质勘察报告得到对应数据。勘察报告给定的土的压缩模量 E_s 为土体侧限条件下的应力应变关系,为此需要计算出土的弹性模量 E。对于均质土体而言,其弹性模量 E 与其压缩模量 E_s 之间可以用关系式 $E = E_s(1-\mu^2)/(1-\mu)$ 进行转换,也可以根据工程经验取 2~5 倍的压缩模量值估算并经现场反复试算确定最终弹性模量。本试验采取第二种经验法进行弹性模量的修正,土体材料参数见表 6-1。

6.2.1.2　桩土作用界面

GTS 提供多种对于桩基础的模拟方式,可以采用实体单元模拟,也可以采用一维梁单元模拟。一般而言,实体桩单元的建立较为复杂,也会产生更多的有限元节点,但是可以模拟桩实体应力应变关系。一维梁单元是最为常用的桩基模拟方式,只要满足:桩身截面尺寸桩长 L/桩直径 $D \geqslant 5$,以及桩身受力满足抗弯、抗剪特性这两个要求即可按照梁单元进行桩的模拟。由于本试验主要研究对象在于桩筏基础沉降整体特性而不在于桩身材料,为了提高建模以及运算效率,使用一维梁单元模拟。

需要注意的是,在 GTS 中结构单元之间的连接耦合为固结,实体单元之间的连接耦合为铰接。当使用梁单元模拟的桩与实体筏板单元连接时,尚需给桩头与筏板连接处施加转动约束。

在定义桩身材料以后尚需要定义桩界面参数。所谓桩界面是指桩和土体之间产生切向滑移,法向分离的结合面,用来模拟桩土之间的相互摩擦行为。GTS 中的桩界面单元在材料定义界面菜单栏中使用,仅附着于 3D 模型中的梁单元使用,摩擦桩专用。由于摩擦桩必然发生桩土界面作用,因此按照一维梁单元模拟桩基础不必考虑桩身和土体节点的耦合。有关桩的界面参数主要有 4 个:最终剪力(ultimate shear force)、界面厚度、剪切刚度模量、法向刚度模量。

最终剪力指沿着桩体轴向按应力单位输入桩界面的最终剪切阻力并除以桩长和桩界面单元的厚度所得的数值。桩界面单元厚度可按单位宽度 1 m 输入。对于最终剪力取值可采用桩的极限侧阻力与桩的周长之乘积或者采用桩的荷载试验结果。一般根据地质勘察报告提供的极限侧摩阻力计算取值。

剪切刚度模量指桩周摩擦应力与桩轴向位移相关关系曲线中的线性部分斜率值。法向刚度模量指土体水平承载力与桩界面法向位移关系曲线中的线性部分斜率。这两个参数的取值可以通过桩基加载试验绘制 $P\text{-}s$ 曲线以及 $P\text{-}Y$ 曲线取得,也可以通过界面参数经验公式取得。桩界面单元的作用在于估测土体-桩体相互作用行为。因为邻近土体材料对桩界面刚度和界面特性有较大影响,桩界面单元的剪切刚度模量以及法向刚度模量可通过 GTS 提供的相关方程推算:

$$K_n = \frac{E_{\text{oed},i}}{t_v} \tag{6-2}$$

$$K_t = \frac{G_i}{t_v} \tag{6-3}$$

$$E_{\text{oed},i} = \frac{2G_i(1-v_i)}{1-2v_i} \tag{6-4}$$

$$G_i = R \times G_{\text{soil}} \tag{6-5}$$

$$G_{\text{soil}} = \frac{E}{2(1+v_{\text{soil}})} \tag{6-6}$$

式中　$E_{\text{oed},i}$——主压密加载实验的切线刚度;

　　　v_i——界面的泊松比,取值为 0.45,界面用于分析非压缩摩擦行为,采用 0.45 自动计算避免数值错误;

　　　G_i——界面的剪切模量;

　　　G_{soil}——土体的剪切模量;

　　　t_v——虚拟厚度(一般取值范围为 0.01~0.1,岩土和结构构件的强度差越大,输入的值越小);

　　　R——强度折减系数;

　　　E——土的弹性模量;

　　　v_{soil}——土体的泊松比。

一般的结构构件和相邻土体特性的强度折减系数如下:

(1)砂土/钢材:$R = 0.6 \sim 0.7$。

(2)黏土/钢材:$R = 0.5$。

(3)砂土/混凝土:$R = 1.0 \sim 0.8$。

(4)黏土/混凝土:$R = 1.0 \sim 0.7$。

将上式联立整合可得如下关系式:

$$E_{\text{oed},i} = 11G_i \tag{6-7}$$

$$K_n = \frac{11G_i}{t_v} \tag{6-8}$$

$$K_t = \frac{G_i}{t_v} \tag{6-9}$$

因此,法向刚度模量取 11 倍的剪切刚度模量,所有的桩界面参数取值如表6-2、表6-3所示。

表 6-2 灌注桩桩土界面参数

土层名称	最终剪力/kN	剪切刚度模量/(kN/m³)	法向刚度模量/(kN/m³)	桩界面厚度/m
砂质粉土	84	270	2 970	1
黏土	107	310	3 410	1
粉质黏土	85	180	1 980	1

表 6-3 静压桩桩土界面参数

土层名称	最终剪力/kN	剪切刚度模量 K_t/(kN/m³)	法向刚度模量 K_n/(kN/m³)	桩界面厚度/m
砂质粉土	70	3 000	33 000	1
黏土	90	3 600	39 600	1
粉质黏土	75	2 200	24 200	1

6.2.1.3 桩筏及上部结构本构模型

桩筏及上部结构均为钢筋混凝土材料,钢筋混凝土属于弹塑性材料,但在本试验研究的对象中并未出现结构的塑性破坏,因此采用弹性模型完全可以满足试验要求,其本构关系符合式(6-10)。结构有关参数见表6-4。

$$\{\sigma\} = \{D\}\{\varepsilon\} \tag{6-10}$$

式中:$\{\sigma\} = [\sigma_x \quad \sigma_y \quad \sigma_z \quad \sigma_{xy} \quad \sigma_{yz} \quad \sigma_{zx}]^T$,表示应力矢量;$\{\varepsilon\} = [\varepsilon_x \quad \varepsilon_y \quad \varepsilon_z \quad \varepsilon_{xy} \quad \varepsilon_{yz} \quad \varepsilon_{zx}]^T$,表示应变矢量。

$$[D] = \frac{E(1-\mu)}{(1+\mu)(1-2\mu)} \begin{bmatrix} 1 & \dfrac{\mu}{1-\mu} & \dfrac{\mu}{1-\mu} & & & \\ & 1 & \dfrac{\mu}{1-\mu} & & & \\ & & 1 & & & \\ & & & \dfrac{1-2\mu}{2(1-\mu)} & & \\ & & & & \dfrac{1-2\mu}{2(1-\mu)} & \\ & & & & & \dfrac{1-2\mu}{2(1-\mu)} \end{bmatrix} \quad (6\text{-}11)$$

式中 E、μ——桩体、筏板或上部结构单元的两个材料参数,即弹性模量和泊松比。

表 6-4 结构有关参数

材料名称	弹性模量/GPa	泊松比	重度 γ/(kN/m³)
C30 混凝土	30	0.16	24
C35 混凝土	31.5	0.16	24
钢筋	200 000	0.3	78
钢管	200 000	0.3	78

6.2.2 网格划分及属性定义

定义完土体及构件材料参数以后开始划分网格。网格划分越小,计算结果越精确,但计算时间也更长,对计算机配置要求也越高。对桩筏结构单元,按照 1 m 的单元尺寸划分;对上部结构,按照 2 m 的尺寸划分;对土体单元,按照 4 m 的尺寸进行划分。最终划分完成的网格单元数为 20 317 个,节点数为 14 727 个。对于结构构件及与基础相接触的土体,模型采取较为精细的网格划分,对于距离结构基础较远的土体,为了加快计算速度,采用较大尺寸的网格划分。整体网格划分之后如图 6-3 所示。

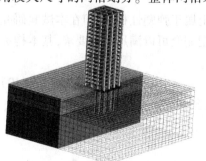 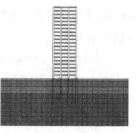 

(a)网格整体划分图　　　　(b)网格剖面图　　　　(c)桩筏网格图

图 6-3 网格划分示意图

6.2.3　边界条件及施工阶段定义

划分完网格之后需要给模型添加边界条件并按照本次试验的目的进行施工阶段的设定。模型的边界条件主要是对土体施加一个自动约束,约束方向为模型前后方向的 X 位移、左右方向的 Y 位移及土体底部 Z 方向共 5 个面,用来模拟大地和试验土体之间的嵌固作用。三维模型的边界约束如图 6-4 所示。

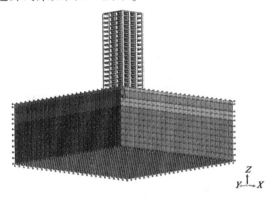

图 6-4　三维模型边界约束

GTS 的施工阶段分析根据工程实际施工顺序进行,在前文中试验还原建筑物桩筏基础沉降,主要是对建筑物施工过程进行模拟。在 GTS 提供的施工阶段管理菜单栏中通过拖放命令实现单元的加载,并可通过钝化命令将之前的单元钝化清除以模拟如开挖的命令。定义完施工阶段之后还需定义分析工况,分析工况求解类型选择施工阶段求解,至此有限元模型前处理各工作准备完成。未加固建筑各施工阶段如表 6-5 所示。

表 6-5　施工阶段

施工阶段号	施工工况	折合加载等级
1	初始地应力分析	
2	灌注桩施工	
3	土体开挖与筏板施工	
4	第 1 层梁板柱施工	1
5	第 2 层、第 3 层梁板柱施工	2
6	第 4 层、第 5 层梁板柱施工	3
7	第 6 层、第 7 层梁板柱施工	4
8	第 8 层、第 9 层梁板柱施工	5
9	第 10 层、第 11 层梁板柱施工	6
10	第 12 层、第 13 层梁板柱施工	7
11	第 14 层、第 15 层梁板柱施工	8
12	第 16 层、第 17 层梁板柱施工	9
13	第 18 层、第 19 层梁板柱施工	10
14	第 20 层、第 21 层梁板柱施工	11

6.3　桩筏基础初始模型的数值模拟

6.3.1　模拟结果

　　按照前文所述方法建立起建筑及土体模型以后,对建筑沉降进行第一次模拟,基础及土体随楼层施工的沉降结果如图 6-5 所示。

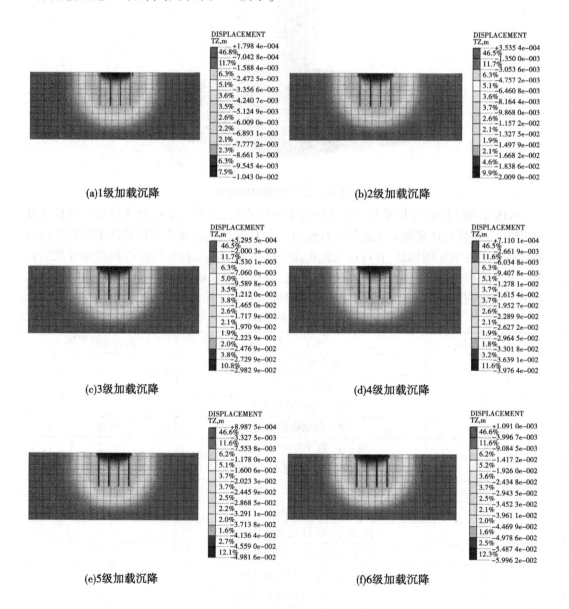

图 6-5　土体初始沉降

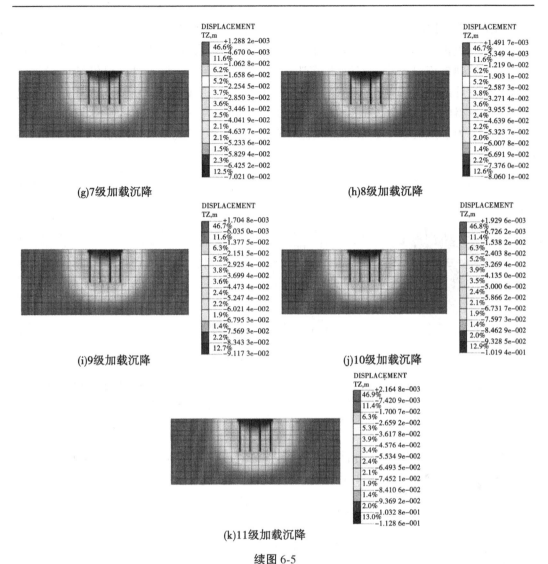

(g)7级加载沉降

(h)8级加载沉降

(i)9级加载沉降

(j)10级加载沉降

(k)11级加载沉降

续图 6-5

加载完成后筏板上各点沉降关系曲线如图 6-6 所示。

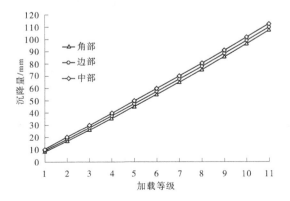

图 6-6　不同加载等级-筏板沉降关系曲线

GTS数值模拟软件采用弹性模量作为土体沉降计算的模拟参数,一般情况下,地质勘察报告只提供土体的压缩模量,本试验结合工程实际按照工程经验取 2~5 倍压缩模量作为土体弹性模量。作为对数值模拟参数取值的对照,又用盈建科建筑结构设计软件以工程设计的手段采用土体压缩模量等参数计算了桩筏基础的沉降。采用建筑结构设计软件算得的整体沉降量比数值模拟结果少了约 10 mm,采用结构设计软件计算的最大沉降差为 2 mm,采用数值模拟软件计算的最大沉降差为 8 mm。沉降结果如图 6-7 所示。

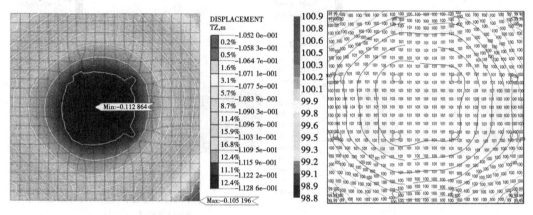

(a)数值模拟筏板沉降图　　　　(b)盈建科建筑结构设计软件计算
　　　　　　　　　　　　　　　　筏板沉降图（单位：mm）

图 6-7　筏板沉降图

图 6-7(b)沉降单位为 mm,通过两种算法对比发现二者的沉降云线及沉降数值趋于一致,说明数值模拟采取的弹性模量是处于合理范围之内的。

数值模拟各施工阶段桩基顶部的桩顶反力如图 6-8 所示。

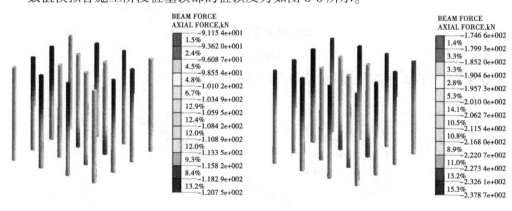

(a)1级加载桩顶反力　　　　　　　　(b)2级加载桩顶反力

图 6-8　桩顶反力

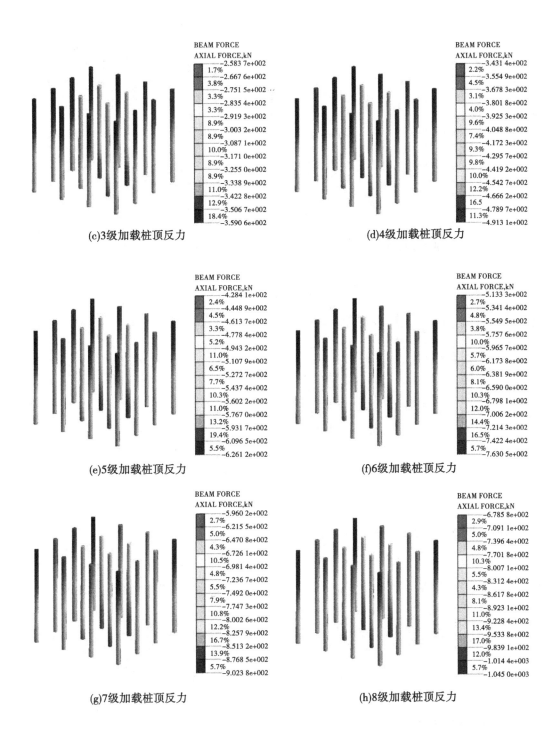

(c)3级加载桩顶反力

(d)4级加载桩顶反力

(e)5级加载桩顶反力

(f)6级加载桩顶反力

(g)7级加载桩顶反力

(h)8级加载桩顶反力

续图 6-8

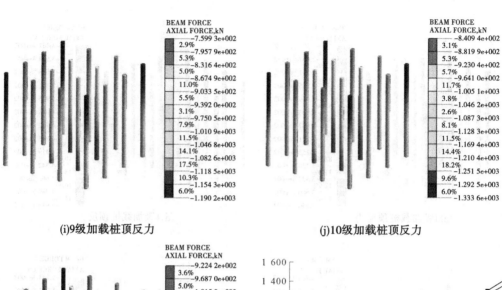

(i)9级加载桩顶反力　　　　　　　　　　(j)10级加载桩顶反力

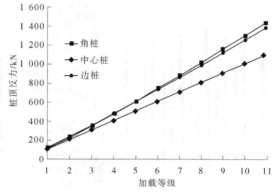

(k)11级加载桩顶反力　　　　　　　　(l)不同加载等级–桩顶反力关系曲线

续图 6-8

数值模拟各施工阶段筏板下土体反力如图 6-9 所示。

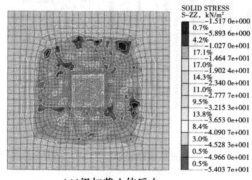

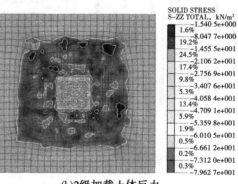

(a)1级加载土体反力　　　　　　　　　　(b)2级加载土体反力

图 6-9　基底反力

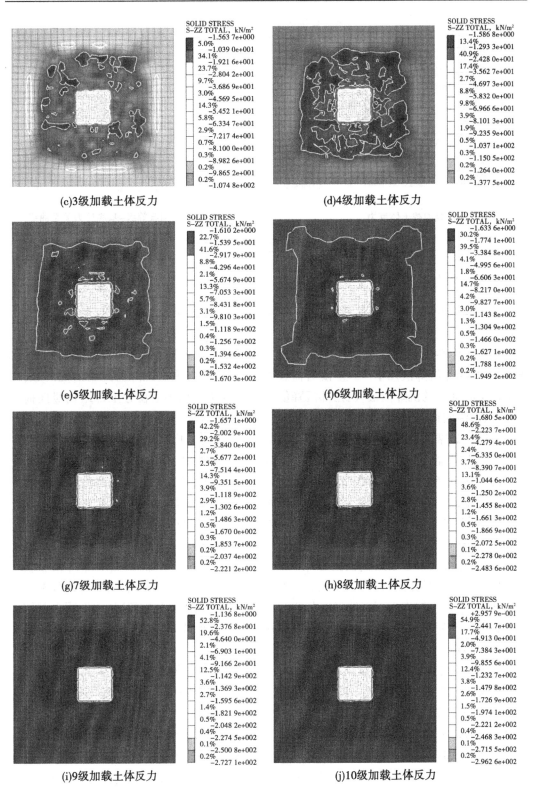

(c)3级加载土体反力

(d)4级加载土体反力

(e)5级加载土体反力

(f)6级加载土体反力

(g)7级加载土体反力

(h)8级加载土体反力

(i)9级加载土体反力

(j)10级加载土体反力

续图6-9

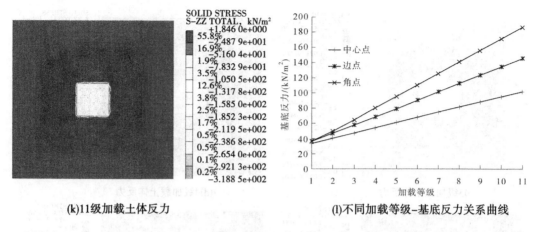

(k)11级加载土体反力　　　　(l)不同加载等级–基底反力关系曲线

续图 6-9

6.3.2　结果分析

从图 6-5 初始土体沉降及图 6-6 不同加载等级–筏板沉降关系曲线可以看出:随着楼层高度增加,上部结构荷载递增,筏板及土体的沉降基本遵循着线性的关系。首先,由于筏板下的土体性质分布均匀,在 1 级加载时,上部结构尚未施加较大荷载,筏板各点沉降较为均匀,测点沉降值几乎一致。随着荷载等级的增加,各测点沉降值开始出现离散,其中筏板中心部位的沉降值最大,角部沉降值最小。由于筏板中心位置上部结构竖向荷载最大,角部竖向荷载最小,相应的下部土体会产生与之对应的压缩变形。其次,由于试验的桩基形式是摩擦群桩基础,群桩效应无法避免,设计时考虑桩周侧摩阻力,因此会存在较大的应力重叠,筏板中部产生较大沉降。群桩效应容易造成一些与单桩受力相异的土体变化,由图 6-5 土体初始沉降图可以看出:在筏板基础受力时出现了明显的碟式沉降现象。尽管筏板基础的刚度较大,足以抵抗柱底冲切及剪切破坏,但是筏板整体的变形依然不可避免,无法均匀分配上部荷载。从图 6-6 不同加载等级–筏板沉降关系曲线可以看出:随着加载等级的增加,筏板的不均匀沉降差会继续增大,不均匀沉降趋势会越来越明显,但加载等级大于 6 级后筏板上各点沉降差基本固定不再增加,虽然上部荷载继续增加,但是各点不均匀沉降趋势已经锁定。由于上部结构的刚度逐渐增大,竖向荷载发生应力重分布,此时筏板传递下来的竖向荷载已不同于初始加载的分布情况,这说明上部结构刚度的增加有利于基础承载力分配均匀,更好发挥土体承载力,在结构设计时应当考虑上部刚度的影响。

由图 6-8 桩顶反力可以看出:各桩顶反力与上部荷载的传递情况不一致,其中最直接的表现就是中心桩的桩顶反力小于角桩的桩顶反力。图 6-8(1)不同加载等级–桩顶反力关系曲线表明:初始阶段,上部荷载较小,各桩顶反力差距不大,随着上部荷载的增大,角桩和中心桩发挥的承载力明显更大,且加载等级小于 6 级时角桩和边桩发挥的承载力基本一致;随着加载等级大于 6 级后荷载的继续增加,边桩承载力与角桩也产生了明显差值,形成了角桩承载力大于边桩和中心桩的受力趋势,这种状况一直持续到加载结束。初始阶段由于上部荷载较小,桩筏和土体协同受力,基底反力也较均匀,此时各桩顶反力变化差值也不大,随着上部荷载的增加,筏板依靠自身刚度将上部传来的集中荷载重新分配,群桩效应继续增大,筏板出现了架越现象,角桩及边桩承担了较大荷载且随着上部结构刚度的继续增加,角桩分配的竖向力比例继续加大。

图 6-9 以筏板下地基土的 3 个不同位置为研究基点,以筏板中心点、筏板边点、筏板角点作为土体反力观测点,与桩顶反力相对应。数值模拟的结果显示土体反力与桩顶反力呈现出了相同的变化特点。如图 6-9(1)所示,筏板中心点较筏板角点和筏板边点仍承担了最小的反力,主要原因仍是地基土体的群桩效应及筏板的架越作用。与桩顶反力稍有不同,土体的角点、边点以及中心点的荷载–土体反力关系曲线随上部荷载的增加一直保持着区别明显的固定斜率,且自始至终保持着角点大于边点和中心点的受力特点。

6.4　模型补桩加固数值模拟

6.4.1　M1 补桩结果及分析

按照 5.4 节 M1 补桩试验的布桩方式进行足尺补桩模拟试验。补桩布置如图 6-10 所示。

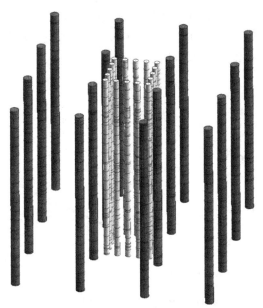

图 6-10　M1 补桩布置

以 M1 补桩方式进行数值模拟,桩数均采用 16 根,布置方式采用内圈均匀布置,桩身长度及直径参照 5.4 节试验要求放大采用。桩界面均按照地质勘察报告土体资料计算获得,采用的补桩静压桩界面参数取值如表 6-3 所示。

(1)M1 补桩前后筏板沉降对比如图 6-11 所示。

对照图 6-11(a)与图 6-11(b)可以发现进行补桩后的筏板沉降出现了明显的减少,筏板的平均沉降从之前的 110 mm 减少到了 103 mm,最大沉降差从未补桩时的 8 mm 减少为 5 mm。除数值上的变化外,沉降云线的形状也出现了重分布,筏板中心范围的碟式沉降得到了很大的减少,这与 M1 在筏板中心范围补桩呈现了相关性,说明筏板中心范围土体被压实挤密,中心范围桩基整体竖向刚度增大。

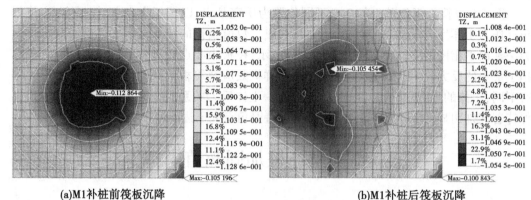

(a)M1补桩前筏板沉降　　　　　　　　　　　　(b)M1补桩后筏板沉降

图 6-11　M1 补桩前后沉降对比

图 6-12 为 M1 补桩前后沉降关系曲线。对比沉降工况关系图 6-12(a)与(b),可以看到随着 M1 补桩方案的实施,筏板各点最大沉降值都出现了明显减少,图 6-12(a)角点与边点和中心点的沉降差在各级荷载下相较未补桩前的图 6-12(b)也进一步缩小,不同位置的三条关系线从接近平行分离到接近重合相交,筏板各点的沉降差出现了显著减少,筏板的中心部位及边点部位沉降基本达到了一致。

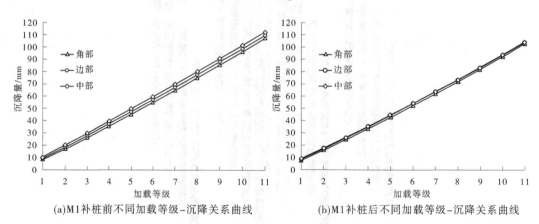

(a)M1补桩前不同加载等级–沉降关系曲线　　　　(b)M1补桩后不同加载等级–沉降关系曲线

图 6-12　M1 补桩前后沉降关系曲线

(2)M1 补桩前后桩顶反力结果如图 6-13 所示。

对比图 6-13(a)、(b)补桩前后原桩桩顶反力关系曲线,各桩桩顶反力在 M1 加固后均出现了较明显的减少,这主要是由于补桩分担了一部分反力,筏板发生了应力重分布。M1 补桩后筏板中心范围的原中心桩桩顶反力减少数值最大,超过了 360 kN,减少幅度达到 33.4%,而角桩及边桩桩顶反力减少值均较小,其中边桩在 M1 补桩后桩顶反力减少值为 150 kN,减幅为 10.8%;角桩在 M1 补桩后桩顶反力减少值为 70 kN,减幅为 4.7%。

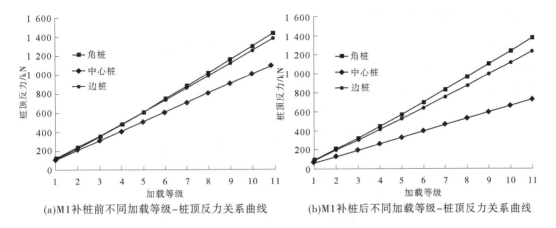

(a)M1补桩前不同加载等级-桩顶反力关系曲线　　　　(b)M1补桩后不同加载等级-桩顶反力关系曲线

图 6-13　M1 补桩前后桩顶反力关系曲线

从图 6-13(a)和(b)的对比可以明显发现桩顶反力随着加载等级的增加、上部荷载的逐级增大,二者呈现线性关系。在 M1 补桩之后,中心桩关系线的斜率出现了最为明显的下降,边桩关系线斜率下降较小,角桩关系线下降则不明显。这也更加印证了 M1 位置的补桩对于中心桩竖向反力影响最大,说明距离原加固桩位越近的补桩,分担的原桩顶竖向荷载越大。

(3)M1 补桩前后基底反力如图 6-14 所示。

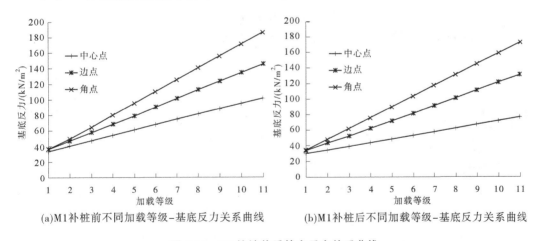

(a)M1补桩前不同加载等级-基底反力关系曲线　　　　(b)M1补桩后不同加载等级-基底反力关系曲线

图 6-14　M1 补桩前后基底反力关系曲线

对照图 6-14(a)与(b)可以发现土体反力变化和桩顶反力变化遵循相似的规律,3 个位置的加载等级-基底反力均遵循线性关系。其中,筏板中心点位置土体反力随 M1 的改变最为明显,M1 加固后的加载-基底反力关系线斜率减小最多,基底反力值从 101.99 kN/m^2 减少到 77.46 kN/m^2,减少幅度达到 24.1%。说明 M1 补桩后,更多的荷载通过新补桩传递到土体深处,而角点及边点的加载-基底反力关系曲线的斜率变化较少。其中,边点基底反力减少值为 14.4 kN/m^2,减幅为 9.9%;角点基底反力减少值为 13.0 kN/m^2,减幅为 7.0%。

6.4.2　M12 补桩结果及分析

按照 5.4 节 M12 补桩试验的布桩方式进行足尺补桩模拟试验,布置如图 6-15 所示。以 M12 补桩方式进行数值模拟,新补桩数同样采用 16 根,布置方式采用中圈均匀布置,静压桩参数与 M1 补桩相同。

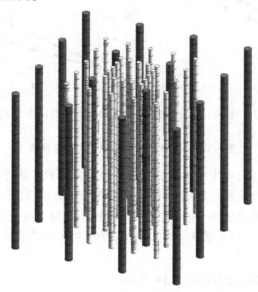

图 6-15　M12 补桩布置

(1)M12 补桩前后筏板沉降对比结果如图 6-16 所示。

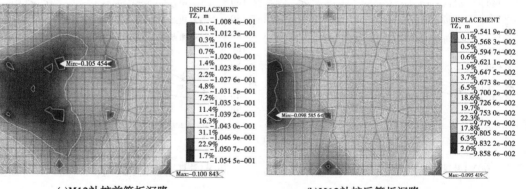

(a)M12补桩前筏板沉降　　　　　　　　　　　　(b)M12补桩后筏板沉降

图 6-16　M12 补桩前后沉降对比

对照图 6-16(a)和(b)可以发现,进行补桩后的筏板沉降再次出现了明显的减少,筏板的平均沉降从之前的 103 mm 减少到了 97 mm,最大沉降差从 M1 补桩时的 5 mm 减少到了 3 mm。从筏板的沉降云线可以看出:在进行 M2 补桩后,最大沉降范围从中心位置进一步向筏板边部转移,说明随着 M1、M2 的植入,筏板中部桩基刚度得到了有效增长,等刚度均匀布桩下的原有筏板沉降规律被彻底打破。

图 6-17 为 M12 补桩前后筏板沉降关系对比。在 M1 基础上进行了 M2 的补桩以后,

由对比图 6-17(a)、(b)可以发现,M12 补桩后三线几乎达到重合状态,筏板的中心部位以及边点部位和角点部位沉降基本达到了一致。这说明在 M12 补桩后,筏板不均匀沉降已经得到了基本消除。

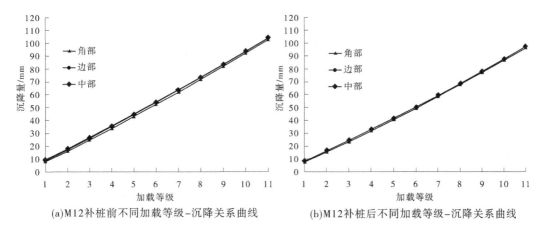

(a)M12 补桩前不同加载等级–沉降关系曲线　　　　(b)M12 补桩后不同加载等级–沉降关系曲线

图 6-17　M12 补桩前后沉降关系曲线

(2)M12 补桩前后桩顶反力结果如图 6-18 所示。

对比图 6-18(b)与图 6-18(a),原桩桩顶反力在 M12 加固后继续出现了较明显的减少。由于补桩分担了一部分压力,筏板发生了应力重分布,M12 补桩后中心位置的桩顶反力数值减少量依然最大,超过了 225 kN,减幅达到 30.6%;边桩桩顶反力减少值为 150 kN,减幅为 10.9%,角桩桩顶反力减少值为 70 kN,减幅为 4.8%,说明补桩距离加固的原桩位越近,原桩被分担的桩顶荷载越大。

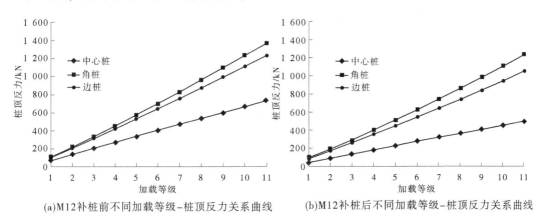

(a)M12 补桩前不同加载等级–桩顶反力关系曲线　　　(b)M12 补桩后不同加载等级–桩顶反力关系曲线

图 6-18　M12 补桩前后桩顶反力关系曲线

(3)M12 补桩前后基底反力结果如图 6-19 所示。

对照图 6-19(a)、(b)可以发现,筏板基底反力变化与桩顶反力变化遵循同样的规律。筏板中心点基底反力值在 M2 补桩后从 77.5 kN/m² 减少到了 66.5 kN/m²,减幅为 14.2%;筏板边点基底反力值从 131.2 kN/m² 减少到了 117.5 kN/m²,减幅为 10.4%;筏板角点基底反力值从 173.3 kN/m² 减少到 159.1 kN/m²,减幅为 8.2%。由此可知,在进行 M2 补桩以后,筏板中心点基底反力减少幅度从 M1 时的 22.5% 下降至 M12 时的 14.1%,而 M12 筏板角点和边点的基底反力减幅较 M1 时均出现了增大,说明补桩距离和筏板土体反力分担影响呈正相关。

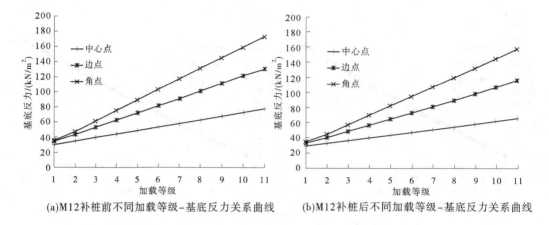

(a)M12补桩前不同加载等级-基底反力关系曲线　　(b)M12补桩后不同加载等级-基底反力关系曲线

图 6-19　M12 补桩前后基底反力关系曲线

以上的数据变化说明 M12 方式的补桩作用对于整体沉降控制效果比 M1 补桩方式略有下降,最大沉降差减少量也较 M1 下降较大,说明前期的补桩相比较之后补桩作用更大,补桩位置的选择对于沉降控制效果至关重要。

6.4.3　M123 补桩结果及分析

按照 5.4 节 M123 补桩试验的布桩方式进行足尺补桩模拟试验,补桩布置如图 6-20 所示。

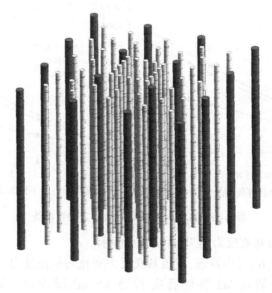

图 6-20　M123 补桩布置

(1)如图 6-20 所示,以 5.4 节 M123 补桩方式进行补桩数值模拟,新补桩数同样采用

16 根,布置方式采用外圈均匀布置,静压桩参数与 M12 补桩相同。图 6-21 为 M123 补桩前后的筏板沉降对比。

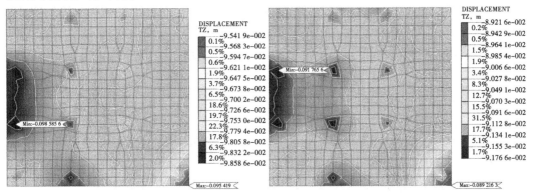

(a)M123 补桩前筏板沉降　　　　　　　　(b)M123 补桩后筏板沉降

图 6-21　M123 补桩前后沉降对比

M12 时的筏板经过 M3 方式的补桩以后,筏板平均沉降量从 97 mm 下降到了 91 mm,这说明靠近筏板外圈补桩对平均沉降控制依然有较好的作用,但是对于筏板的不均匀沉降控制效果则十分有限。筏板最大沉降量从 98.6 mm 下降至 91.8 mm,沉降减少值为 6.8 mm,减幅为 6.9%。筏板最大沉降差从 M12 时的 3.2 mm 下降至 2.6 mm,减幅为 19%。虽然沉降减少数值较小,与 M12 相比沉降数值的变化量是微小的,但是鉴于 19% 的减幅,不均匀沉降控制效果依然存在。根据 M123 补桩前后的沉降数值,绘制了如图 6-22 所示的不同加载等级-沉降关系曲线。对照图 6-22(a)、(b)M123 补桩前后的沉降关系曲线可以看到:M123 补桩前后的加载-沉降关系曲线都保持重合状态,由于仅有 0.6 mm 的沉降差减少量,筏板的不均匀沉降已达到稳定状态。M3 补桩对于减少筏板沉降差来说效果较差,但是对于减少整体平均沉降而言,效果依然较好。

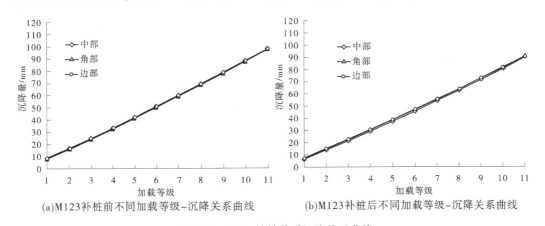

(a)M123 补桩前不同加载等级-沉降关系曲线　　　(b)M123 补桩后不同加载等级-沉降关系曲线

图 6-22　M123 补桩前后沉降关系曲线

(2)M123 补桩前后桩顶反力结果如图 6-23 所示。对比 M123 补桩前后不同工况原桩桩顶反力,原中心桩桩顶反力在 M123 加固后产生的反力减少数值为 100 kN,减幅为 19.4%;而边桩和角桩由于距离 M123 外圈补桩距离较近,依然产生了较大的反力减少,其中边桩的桩顶反力减少了约 190 kN,减幅为 17.9%,角桩的桩顶反力减少了约 165 kN,减幅为 13.2%。

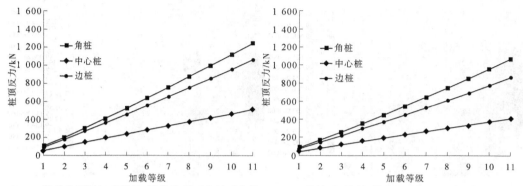

(a)M123补桩前不同加载等级–灌注桩顶反力关系曲线 (b)M123补桩后不同加载等级–灌注桩顶反力关系曲线

图 6-23 M123 补桩前后桩顶反力关系曲线

对比 M12 时的原桩桩顶反力,M123 边桩及角桩降幅出现了明显增大,中心桩降幅产生明显下降。其中,中心桩降幅从 M12 时的 30.6%下降至 M123 时的 19.4%,边桩降幅从 10.9%增大至 17.9%,角桩降幅从 M12 时的 4.8%增大至 13.2%。随着 M3 在筏板外圈的植入,边桩及角桩等与 M3 近距离桩位的桩顶反力均出现了较大降幅,进一步证明补桩距离对原桩桩顶反力分担的正相关影响。

（3）M123 补桩前后基底反力结果如图 6-24 所示。

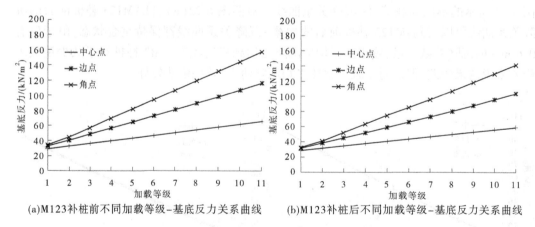

(a)M123补桩前不同加载等级–基底反力关系曲线 (b)M123补桩后不同加载等级–基底反力关系曲线

图 6-24 M123 补桩前后基底反力关系曲线

图 6-24 补桩前、后不同工况基底反力与桩顶反力的变化规律基本协同。在采用 M3 补桩以后,筏板中心点基底反力下降值为 6.3 kN/m²,降幅为 9.5%,而 M12 时降幅为 14.1%;边点基底反力下降值为 12.5 kN/m²,降幅为 10.6%,而 M12 时降幅为 10.4%;角点基底反力下降值为 15.6 kN/m²,降幅为 9.8%,而 M12 时降幅为 8.2%。M3 距离筏板中心范围位置变远,其基底反力值降幅减少;距离筏板边点及角点的距离变近,其基底反力值降幅增大,从而也进一步印证了之前的结论,补桩距离越近,原桩桩位附近应力重分布越明显,对该部位的沉降量控制也越有效。

6.5　模型注浆加固数值模拟

以 6.3 节初始加载模拟为基础进行足尺加固数值模拟试验。注浆加固模拟通过改变注浆范围内的土体弹性模量来实现。将加固区看成一个整体,将其参数相对于土层提高一定比例。注浆范围取前 3 层土约 13 m 的深度,注浆平面范围取桩筏基础平面。注浆加固范围如图 6-25 所示,单位取 mm,注浆加固后的土体参数按表 6-6 取值。

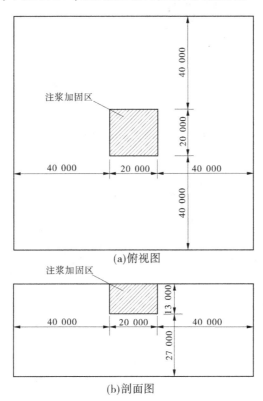

图 6-25　注浆加固范围　(单位:mm)

表 6-6　加固区土层参数

土层名称	平均厚度/ m	弹性模量 E/ MPa	黏聚力 c/kPa	内摩擦角 φ(°)	泊松比	重度 γ/(kN/m³)
加固土层 1	2	30	15.4	4.0	0.3	18.8
加固土层 2	5	30	11.0	28.5	0.3	20.02
加固土层 3	6	30	66.6	14.7	0.3	20.33

(1)注浆后筏板沉降结果如图 6-26 所示。

(2)注浆前后基础下加固土体整体沉降结果如图 6-27 所示。

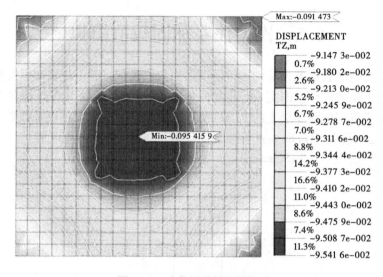

图 6-26　注浆后筏板沉降结果

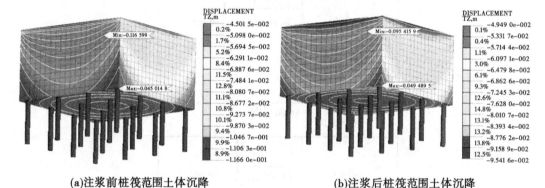

(a)注浆前桩筏范围土体沉降　　　　　(b)注浆后桩筏范围土体沉降

图 6-27　注浆前后沉降对比

（3）注浆前后桩顶反力、筏板下土体应力结果如图 6-28、图 6-29 所示。

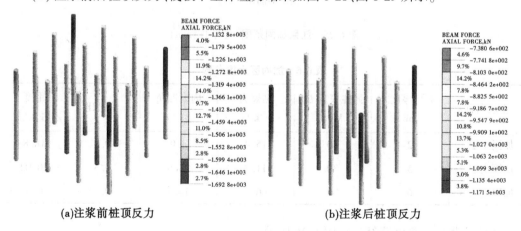

(a)注浆前桩顶反力　　　　　　(b)注浆后桩顶反力

图 6-28　注浆前后桩顶轴力对比

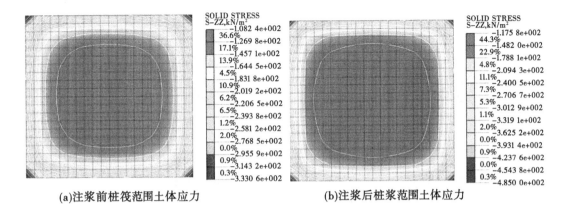

(a)注浆前桩筏范围土体应力　　　　　　　(b)注浆后桩浆范围土体应力

图 6-29　注浆前后筏板下土体应力对比

　　图 6-26 为桩筏基础下土体采取注浆加固后的沉降结果,注浆加固仅限于筏板基础下 3 层土体深度范围内。通过图 6-27(a)和(b)的沉降对比可以看出,注浆加固对于筏板沉降控制起到了明显作用。筏板沉降平均值由未加固之前的 110 mm 减少到了 94 mm,筏板的最大沉降差从未加固之前的 8 mm 减少到了 4 mm,可以说注浆加固对于减少总体沉降作用十分明显,对于减少筏板沉降差的效果也较好。注浆后的控沉效果通过图 3-27 土体剖面沉降等值线可更直观地体现出来。

　　图 6-28 为注浆前后桩顶反力对比,对比图 6-28(a)、(b)可以看出注浆后桩顶反力出现了卸载,桩顶反力平均减少了 500 kN。图 6-29 为注浆前后筏板下土体的应力对比,对比图 6-29(a)、(b)发现注浆后筏板下土体应力出现了明显的增大,这说明筏板下土体承担了更多的筏板反力,桩体分担的荷载比例减小,与桩顶反力出现卸载的现象对应起来。

6.6　筏板变厚度的数值模拟

　　前文分别在提高桩基础承载力、提高地基强度方面进行了补桩及注浆的数值模拟研究。对于桩筏基础,筏板刚度对基础不均匀沉降同样存在着一定影响,对于混凝土筏板基础,其筏板刚度的改变主要通过调节筏板的厚度来实现。为了进一步探究筏板刚度对桩筏基础不均匀沉降及整体沉降的影响,本节在第 5 章缩尺试验及本章 6.3 节初始模型的基础上开展数值模拟试验。原型筏板厚度为 1 200 mm,为了得出更明显的桩筏基础沉降变形随筏板厚度变化的趋势,本节研究以规范规定的最小值 400 mm 起始,逐级增加筏板厚度,分别取 400 mm、500 mm、600 mm、800 mm、1 000 mm、1 200 mm、1 400 mm 共 7 个工况模拟。

6.6.1　板厚与沉降关系

　　在 6.3 节初始加载试验的基础上改变筏板厚度做了 7 组桩筏沉降模拟,每一组筏板沉降结果如图 6-30 所示。

6.6.1.1　最大沉降差与筏板厚度的关系

　　图 6-30(a)~(g)为 7 种厚度筏板的沉降结果,由这 7 个沉降图可以看出:筏板沉降云

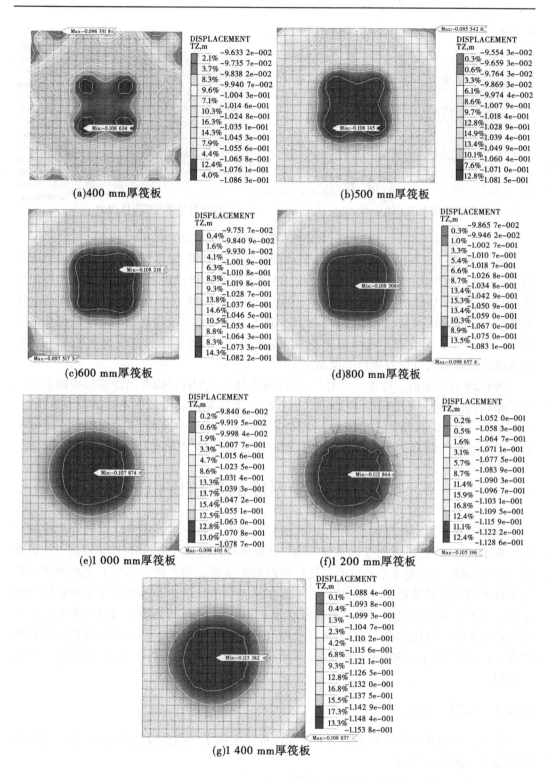

(a)400 mm厚筏板 (b)500 mm厚筏板

(c)600 mm厚筏板 (d)800 mm厚筏板

(e)1 000 mm厚筏板 (f)1 200 mm厚筏板

(g)1 400 mm厚筏板

图6-30 不同筏板厚度沉降

线整体上都符合碟形沉降的分布特点,即在同样布桩形式和同样的上部结构布置下,沉降值自筏板中心部位向四周逐渐递减,其三维沉降轮廓线如同"浅碟"。

筏板沉降均呈现碟形趋势,但同时厚度不同的筏板沉降云线表现出不同的细部特征。如图 6-30(a)所示,400 mm 厚度筏板沉降云线更多围绕上部结构柱脚而发育扩散,由于中间柱脚传递到筏板中部的竖向荷载最大,故中间四个柱脚处应力集中最大,桩筏交接处由于筏板刚度太小,在柱脚荷载的冲切作用下,围绕柱脚四周产生了筏板变形,因此在图 6-30(a)中可以看到筏板中部最大沉降恰好是 4 个中心柱下的位置。随着筏板厚度的增加,在 6-30(b)中可以看到 500 mm 厚筏板与 400 mm 厚筏板相比,柱脚沉降明显减弱,从 400 mm 时的 4 道柱脚圆形沉降云线拟合为 500 mm 时的 1 道"四角凸出"的封闭中心沉降云线。在图 6-30(c)、(d)中可以看到 600 mm 和 800 mm 厚度筏板中心沉降线"四角凸出"基本拟合为倒角的正方形。随着筏板厚度的继续增加,到图 6-30(e) ~ (g)时,筏板中间沉降线基本拟合为圆形轮廓线。筏板中心内圈沉降线的变化是随着筏板刚度的增加而改变的。随着筏板刚度的逐渐增加,筏板抵抗上部柱脚荷载冲切的能力越来越强,从最初围绕柱脚变形到围绕四根中心柱变形再到围绕筏板中心圆形扩散,这说明筏板厚度越大受上部结构布置影响引起的不均匀沉降越小。最大沉降差随筏板厚度变化的关系曲线如图 6-31 所示。

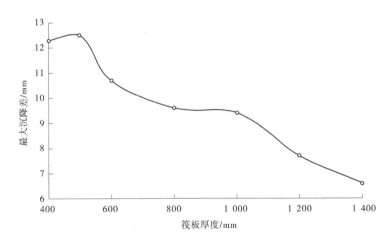

图 6-31　筏板厚度-最大沉降差关系曲线

由图 6-31 可以看出:随着筏板厚度的增加,筏板抵抗差异沉降的能力在逐渐增强。由于本工程结构布置的上部结构柱脚和下部桩基础在同一直线上,当筏板厚度较小时柱脚荷载可以直接传递到桩顶,随着筏板厚度增加,柱脚荷载被筏板重新平衡分配,因此最初 400 mm 厚筏板差异沉降甚至小于 500 mm 厚时筏板差异沉降。当筏板厚度达到 1 200 mm 时,沉降差减少的幅度最大,在此以后增厚筏板对于减少最大沉降差的效果逐步减弱。当筏板厚度为 400 mm 时,最大沉降差为 12.3 mm;当筏板厚度为 1 400 mm 时,最大沉降差为 6.6 mm,减少了 46%;而筏板厚度从 1 200 mm 增加到 1 400 mm 时,最大沉降差从 7.7 mm 降低到 6.6 mm,减少了 14%。可以看出,增补筏板对于减少桩筏基础不均匀沉降的效果是显而易见的。

6.6.1.2　最大沉降与筏板厚度的关系

由图 6-32 可知:增补筏板在一定范围内有明显减少不均匀沉降的效果,但超过一定限值后,增厚筏板主要会增加筏板的整体沉降。以本模拟为例,在筏板厚度不超过 1 000 mm 时,增厚筏板不会引起最大沉降的增加,这是因为虽然筏板增厚增大了自重,但同时增加了筏板刚度,筏板刚度增加又起到调平整体沉降差的效果。当筏板厚度为 400~800 mm 时,自重增加引起的沉降与调平沉降差相抵。当筏板厚度超过 1 000 mm 时,自重增加引起的沉降增加与刚度增加带来的调平沉降差无法抵消,出现了筏板最大沉降值的增大。

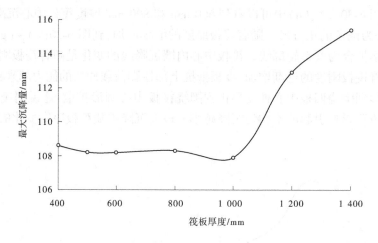

图 6-32　筏板厚度-最大沉降关系曲线

6.6.2　板厚对桩顶反力的影响

按照上述的 7 个筏板厚度工况分别计算得到的各桩顶反力如图 6-33 所示。

通过图 6-33(a)~(c)可以发现,筏板厚度为 400~600 mm 时,桩顶反力的最大值分布在筏板外圈桩位上,角桩和边桩桩顶反力均远大于中心桩,且边桩和角桩桩顶反力差值较小。由图 6-33(d)~(g)可以发现,当筏板厚度达到 800 mm 及以上时,桩顶反力最大值分布在角桩,角桩与边桩的桩顶反力出现了较大的差值,角桩和边桩桩顶反力值分量的变化说明筏板厚度的改变可以影响桩筏基础的桩顶反力分布。当筏板厚度较小时,刚度很小,对于上部结构荷载的平衡作用较小,筏板架越作用尚不明显,群桩效应及上部结构荷载使筏板中心范围土体发生了碟式沉降,筏板外圈的桩基为了抵抗这种碟式沉降而承受了比中心桩大得多的竖向反力。伴随着筏板厚度刚度的增加,筏板的架越作用越发显现,更多的竖向荷载通过筏板传递到筏板边缘,角桩位置作为两条边缘交汇点汇集了更大的竖向力。

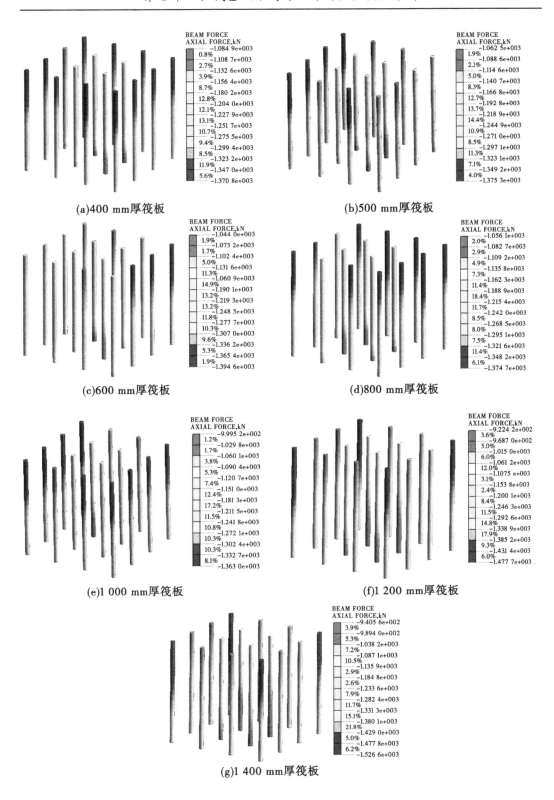

图 6-33　不同筏板厚度桩顶反力

依据筏板不同厚度桩顶反力计算结果,得到了不同筏板厚度与最大桩顶反力差的关系曲线,如图 6-34 所示。可以看到,最大桩顶反力差受筏板厚度影响较大,整体而言,筏板厚度越大,最大桩顶反力差越大。最大桩顶反力差在板厚为 600 mm 时出现了拐点,从 600 mm 厚度时的 351 kN 减少到了 800 mm 时的 319 kN。由于筏板厚度的增加,筏板的自重也同步增大,桩顶反力此时发生了第一次重分布,加上筏板刚度增大重新平衡桩顶反力,带来第二次桩顶反力重分布,这时出现了最大桩顶反力差的小幅度减小。自此之后从 800 mm 到 1 200 mm,最大桩顶反力差与厚度的关系曲线呈现凹函数增长,在达到 1 200 mm 后这种趋势又出现了拐点,曲线呈现凸函数增长,最大反力差增加缓慢。对于总体过程而言,桩顶最大反力差随板厚增加而增大。

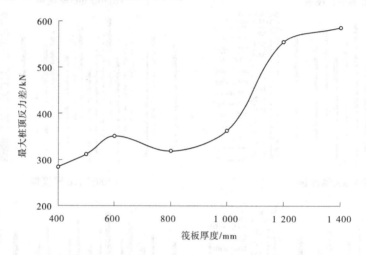

图 6-34　筏板厚度-最大桩顶反力差关系曲线

6.6.3　板厚对基底反力的影响

随着筏板厚度的改变,筏板下的土体反力也发生了重新分布,筏板中心点、边点、角点下的土体反力值也呈现了不同的变化规律,如图 6-35 所示。

随着筏板厚度的增大,筏板下土体反力总体呈现增大趋势,其中角点处反力增量最大,从 400 mm 厚时的 133.4 kN/m^2 增加到 1 400 mm 厚时的 191.6 kN/m^2,增量为 58.2 kN/m^2,增幅高达 43.6%;边点处土体反力从 400 mm 厚时的 115.9 kN/m^2 增加到 1 400 mm 厚时的 148.4 kN/m^2,增量为 32.5 kN/m^2,增幅达到 28.0%;中心点处土体反力从 400 mm 厚时的 80.2 kN/m^2 增加到 1 400 mm 厚时的 102.5 kN/m^2,增量为 22.3 kN/m^2,增幅达到 27.8%。

造成基底反力重分布的原因主要有两个,其一是板厚增大带来的基础自重增加造成基底反力增加,其二是板厚增大带来的筏板刚度增大引起筏板的应力重分布,进而造成筏板传递给土体的反力发生改变。其中,筏板刚度增大以后筏板中心与边角处的变形差更小,而此时筏板中心范围的土体受群桩效应影响,碟式沉降仍然存在,因此筏板中心范围的土体与筏板压缩接触作用并没有明显增大甚至略有减少,由于刚度增大筏板分担的荷载比例增加,加上筏板增厚带来的自重增大,增加的这部分荷载又通过筏板扩散给了边点和角点处,筏板中心范围土体反力出现了一定程度的增大。受筏板架越作用的影响,角点处分担的荷载最大,边点次之,中心点最小,这与桩顶反力随筏板厚度变化的规律一致。

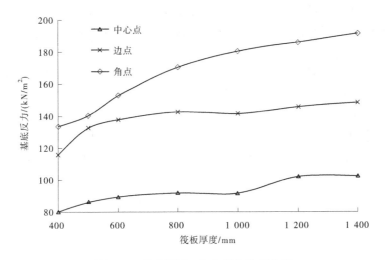

图 6-35　筏板厚度-基底反力关系曲线

　　本章运用 Midas GTS NX 岩土有限元分析软件对第 5 章缩尺试验对照的实例工程进行了足尺数值模拟试验。第 5 章的缩比试验限于试验条件、试验误差等因素,所得到的试验结果具有一定的局限性。数值模拟考虑到了各级施工顺序,采用逐级加载的计算方法模拟了桩筏基础受力沉降和三种加固方法的沉降控制效果。加固控沉数值模拟中主要研究了筏板沉降、桩顶反力、基底反力等参数在采用补桩加固、注浆加固、增补筏板厚度加固三种控沉措施后的变化特点,同时与缩尺试验进行了相互比对。本章所得到的主要结论有以下几点:

　　(1)随着荷载等级逐渐增大,桩筏基础的沉降与之呈线性关系,桩筏基础的整体沉降随上部结构楼层自重的增加而增大。由于群桩效应,桩体之间的土体受到横向挤压,产生应力重叠,基础中心范围土体产生较大位移,筏板沉降表现为四周小、中间大的碟形沉降特点。桩顶反力随桩位的不同表现出不同的受力特点,荷载等级较小时不同位置的桩顶反力无较大差别,随着荷载等级增加,角桩反力增幅大于边桩,边桩反力增幅大于中心桩。筏板基底反力随着荷载等级的增加与桩顶反力表现出相同的特性,角部基底反力的增幅大于边部和中部。角桩、边桩及筏板边角部土体的受力情况对基础整体沉降影响最大。

　　(2)采用补桩手段对原桩筏基础进行加固控沉,补桩数量越多,筏板平均沉降减少量越多,筏板最大沉降差减少量则与补桩数量无明显相关性。增加补桩数量可以明显减少筏板平均沉降,不同位置的补桩对筏板平均沉降控制效果接近,但补桩数量对于减少筏板最大沉降差而言并非越多越好。对本试验而言,在筏板中心范围内补桩筏板最大沉降差减幅最大,在筏板周圈范围内补桩筏板最大沉降差反略有增加。补桩位置距离原桩越近,原桩桩顶荷载转移越多,相应位置基底反力减少也越多。采取补桩控沉时,按照上述规律,应针对不同的控沉要求合理布置桩位及桩数。

　　(3)采用注浆法改善桩筏基础下地基土体承载特性,注浆后地基土体的承载力显著提升,碟形沉降明显降低。数值模拟分析了未注浆和注浆后两种情况下地基变形、筏板沉降、桩筏荷载分担的特点。经计算,注浆后筏板的最大沉降差出现大幅降低,平均沉降也出现显著减少。注浆后桩顶荷载显著减少,筏板基底反力普遍增大。在前期设计及后期加固时,针对基础不同的沉降特性分区块做好地基处理,理论上可以有效抵抗不均匀沉降及碟形沉降效应。

(4)随着厚度增加,筏板不均匀沉降有所减少,平均沉降有所增加。随着刚度增大,筏板抵抗变形沉降的能力增强,同时筏板的架越作用逐步增强,角桩与边桩承担的桩竖向荷载比例逐步增大,对于桩基承载力的充分发挥不利。对本工程试验而言,当筏板厚度在 500~800 mm 时,板厚的增加对于减少沉降差效果明显;当筏板厚度在 1 000~1 400 mm 时,板厚的增加对于沉降差的减少无明显作用,且由于自重原因,筏板平均沉降及最大沉降均出现了增大。因此,在考虑采用增厚筏板法减少其不均匀沉降时,需要考虑原筏板刚度是否已足够而确定是否采取加厚方案,以免适得其反。

第 7 章　桩筏基础的优化设计

桩筏基础整体性能使用良好,整体刚度较强,竖向承载力度较大,在调整非均匀沉降上效果良好,在实际工程中,桩筏基础的设计方案备受青睐。从桩间距的方面来分析,桩筏基础中,桩间距会存在一个合理的中间值,当桩间距超过这个值时,桩筏基础的刚度下降,沉降就会随之变大。当桩间距控制在这个值以内时,桩筏基础的刚度能有效地减小整体沉降。资料显示,这个值取为 10 倍桩径比较合适。增加桩的长度,可以提高桩筏基础的刚度,但会相应增加基础的造价,因此对桩的尺寸也存在一个合理的中间值,当桩长超过该尺寸时,再增加桩长,减小桩筏基础沉降的效果较微弱。当桩长小于这个尺寸时,随着桩长的增加,沉降会减小。因此,将经济、合理、安全的桩筏基础优化设计法寻找出来,有着十分重大的理论意义和现实意义。

7.1　概　　述

目前的桩基础设计可分为 3 种情况:①桩承担所有上部结构的荷载;②桩承担大部分上部结构的荷载,同时起到减少沉降变形的目的;③桩承担一小部分上部结构的荷载,主要起到减少或控制沉降的作用。上述第①种情况是最为常见的,这种设计理论是建立在满足承载力的基础上的,显然,这种传统的桩基设计方法是过于保守的。对于上述第②、③种情况,在如何减少桩基工程费用上大有文章可做;即便对第①种情况,也存在如何合理选择桩数和布桩的问题。

对桩筏基础进行优化设计,就是要最大限度地发挥地基土和桩的承载潜力,在保证安全的前提下减少桩数或减小桩径、桩长,降低筏板厚度,以期获得设计合理、经济目标最优的设计方案。在优化桩基设计方面,目前已有长足进步,如宰金珉提出了"复合桩基"的概念;黄绍铭在以 Geddes 应力解为基础的桩基沉降计算方法的基础上,提出了减少沉降桩基的设计思想和方法;杨敏也对减少沉降桩的设计和桩基沉降计算方法进行了研究,明确提出了按变形控制设计桩基础的思想。此外,还有很多学者对这一课题进行了研究,取得了可喜的成果。

目前,群桩基础的设计大都按规范规定的程序进行,如持力层的选择、桩型和桩长的确定、单桩承载力、桩的数量、筏板厚度等。在满足承载力的条件下,进行群桩沉降分析,使之达到设计要求。按上述方法设计,桩的长度都是等长的,桩端持力层在同一个水平面上,如果持力层不是水平的,其桩长差还有严格的规定。由于桩基造价很高,施工困难,风险很大,长期以来,基础工程专家一直在探求桩基设计的新方法。

7.1.1　疏桩基础-桩土共同作用设计方法

国外在研究桩-筏-地基共同作用时,采用桩土共同承载设计方法,这样可以充分发挥天然地基的承载力,采用少量桩基(甚至采用短桩)来增加天然地基的承载力,这种设计方法称为"疏桩基础设计"。按这种思路设计的成功典范是德国法兰克福展览会大楼桩筏基础,该建筑 56 层,高 256 m。

7.1.2　CM 复合地基

这种复合地基方法是沙祥林等提出的,并应用于好几个工程。其设计思想仍然是增加地基的承载力,采用水泥土搅拌桩与素混凝土长短桩结合,既提高了地基的承载力,又可减少基础沉降。但这种复合地基处理方法与桩基设计方法有根本的区别,而且还受到材料、设备、建筑高度和工程应用的限制。

7.1.3　黄绍铭等疏桩设计方法

该方法是从 Geddes 按弹性力学中 Mindlin 公式推广得出的单桩荷载在地基中应力公式出发,并考虑群桩应力叠加求得地基中附加应力后,再按分层总和法计算沉降。这样克服了群桩工程中常用的群桩实体基础计算沉降的不足,可以方便地考虑桩数、桩长、桩径、桩间距、荷载分布不均匀等因素对沉降计算的影响。把外载荷和各单桩极限承载力之和的关系分为两种情况:一是外荷载小于各单桩极限承载力之和时($P<P_a$),桩基沉降计算按上述方法;二是外荷载大于各单桩极限承载力之和时($P>P_a$),桩基中群桩始终承担的荷载为 P_a,而承台承担的荷载为($P-P_a$),在地基中产生的地基应力计算方法同天然地基,地基中竖向应力为这两部分荷载产生的竖向应力之和,然后按分层总和法计算桩基沉降。在此基础上提出了减少沉降量桩基的设计原则和步骤。

7.1.4　杨敏等沉降控制设计方法

目前,桩基设计理论都是由桩来承担全部荷载,不管地基好坏均不考虑桩间土的承担荷载作用。疏桩基础的桩均是摩擦型桩,上部荷载由桩土共同承担,桩可以布置稀疏一些,桩的数量在满足一定的沉降条件下比传统设计要少。另外,当天然地基可以满足上部荷载的承载要求,但不能满足基础沉降要求时,为了减少沉降,可适当布置一些摩擦型桩。这种情况是为了减少沉降和控制沉降,这种方法在小高层和多层建筑中应用已趋成熟。根据桩土共同作用承担上部荷载的原则,可计算出不同桩数所对应的基础沉降量,由此可得出桩数与沉降量的非线性关系。当桩数较少时,增加桩数,其沉降减少明显。但桩数在增加到某个数量的时候,再增加桩数,其沉降减少就不明显。说明在某一给定的条件下,可以找到一个经济合理的桩数来达到控制沉降的目的。这就是优化设计的基础。

7.1.5　刘金砺等调整上部结构刚度、基础刚度和桩基刚度的方法

刘金砺等提出变刚度调平设计,是由共同作用方法计算出基础沉降等值线分布,调整刚度,使差异沉降达到最小。该方法的调整刚度是指调整上部结构刚度、基础刚度和桩土刚度,已用于实际工程。

宰金珉等提出的地基变刚度垫层,是人为合理地调整地基土刚度,使其在基底平面内变化,其思想是桩土共同承担荷载,调整桩顶反力和地基反力的地基处理设计。在国家建

筑地基基础设计相关规范的修订中,也强调按沉降控制来设计桩基础。

7.1.6　陈祥福空间变刚度等沉降群桩设计

陈祥福又提出了"空间变刚度等沉降群桩设计",其在文献中指出:长桩的主要作用是减少沉降,短桩的主要作用则是提高地基土承载力,并考虑深基础的支护作用而导致的沉降计算与常规计算的差异,在沉降计算中考虑支护作用这一因素,选择长短桩方案、刚柔桩方案、大小直径桩方案;也可以选择两段变刚度群桩方案或三段变刚度群桩方案。使得基底各处的沉降趋于均匀,从而降低筏板的内力及上部结构次生应力,减少筏板的厚度和上部梁柱的横截面面积,达到优化设计的目的。

7.2　优化设计的基本原理

在桩筏基础中开展群桩效应,每一个桩基引起的土中应力是互相叠加的,使得均匀荷载作用下的力度柔性基础内部沉降会出现大幅度的边缘沉降,桩筏基础在总体上呈现出碟形沉降分布的规律,形成一定的沉降差。桩筏基础属于桩基和筏基组合在一起的混合基础形式,是一种庞大的结构系统,在软土地区使用较多。分析桩基与筏基的荷载分担问题比较复杂,主要涉及地基条件、成桩工艺、桩的类型、桩长、桩距、桩土刚度比等。桩筏基础进行设计时要考虑很多因素,除桩基和筏基各自的工作特性外,还应考虑筏基、桩基、上部结构的共同效应。例如:在软土地基中采用预制桩,最初的荷载分配可能是暂时性的,当打桩引起的超孔隙水压力消散后,可使桩间土固结而导致筏基底与地基土脱离悬空,变成上部荷载全部由桩来承担。比如采用钻孔灌注桩则筏底分担的荷载又会比采用预制桩大。上部结构、桩基、筏基础的共同作用可以用一个基本方程来分析,同时要分析共同作用情况。在实际设计中,可以通过调整上部结构、基础及桩土的刚度分布方式最小化差异沉降值,这就是平常所说的变刚度调平设计。

变刚度调平设计的经济合理性具有相对性,通过对桩基、筏板、桩间土共同作用进行,使布桩方式和筏板厚度得到优化,减少多余桩基,达到降低筏板的厚度和配筋率的目的,进一步发挥各个材料的性能,使得桩筏基础的造价降低。变刚度调平设计的技术合理性在于桩基的布置方式、桩长和桩径的选择都是以优化基础功能为设计目标,使桩基和筏板及桩间土都达到较高的承载能力,不但能实现消除刚度冗余,而且可降低结构的次应力,提高结构的可靠度。

上部结构的重心应尽量和群桩的重心相吻合,减少质量偏心的影响。比如上部结构是剪力墙结构,在布置桩时,就尽量将桩布置在剪力墙之下,桩可以更好地发挥作用,可以控制筏板的厚度,减小因为冲切不够而加大筏板厚度。主要有以下 3 种方式:

(1)加强与调整上部结构的刚度。

(2)增加筏板的厚度,实现提高基础结构的刚度。

(3)调整桩土体系整体刚度。

综上所述,桩筏基础的优化原理在于通过筛选出妥善的方案对各部的总刚度进行调整,找到桩土共同作用的最理想状态。通过调整桩长、桩径、桩距等因素,使桩筏基础的刚度分布进一步优化,可显著减小结构的差异沉降,消除结构的刚度冗余,同时将结构的次应力控制在合理的范围内,使得结构使用的可靠度提高,安全性增大。变刚度调平设计可以充分发挥各部分材料的力学特性,更加妥善地改良桩筏基础的工作性能,因此具有非常重要的理论意义和实用价值。

变刚度调平设计是对桩筏基础进行优化设计的主要方法。这个方法的主要内容为:通过调整桩的数量、桩的间距、桩的长度、桩的直径、筏板的厚度等,寻找桩筏基础的合适刚度,这个刚度能和地基土的刚度相互匹配,既能在上部荷载的作用下满足承载能力,又能发挥出桩和桩间土的承载能力,并且能控制筏板的厚度和钢筋用量。土体的软弱程度,决定了筏板的协调变形情况。土体的弹性模量越小,根据结构力学原理,在一定的沉降大小范围内,随着桩筏基础的沉降增大,桩间土受挤压的程度也越高,桩间土发挥的承载力作用就越高。

变刚度调平设计是个很复杂的设计,要考虑的方面比较多,各个方面之间又没有直接的关联性。所以,进行变刚度调平设计时,需要经过多次演算、对比,通过改变桩筏基础的刚度和桩筏基础在不同工况下的沉降规律来控制沉降差异,减少内部次要的应力。

当上部结构为框架-核心筒结构时,其荷载与刚度为内大外小,碟形沉降会更为显著,为了规避以上不良效应的产生,应摒弃常规的设计理念,采用调整地基或桩基的方式,得到竖向支承刚度分布,加速差异沉降使其达到最低,承台或基础内力、上部结构次应力显著减小。

桩基础设计是一项非常复杂的工作,要考虑的因素很多,要全方面结合力学的概念、土力学概念、地下水的渗流概念、地质演化的科学规律、岩土性质的基本概念、各种结构体系的特点、桩-土与上部结构的共同作用、各种施工工艺的特点、当地的经验、经济条件等综合因素应用到桩基方案的确定中,桩基础设计方案也不是唯一的,方案的经济合理性与设计人员的综合专业水平密切相关。

基桩的布置应注意以下几点:

根据结构力学原理,上部结构的重心应尽量和群桩的重心相吻合,减少质量偏心的影响。比如上部结构是剪力墙结构,在布置桩时,就尽量将桩布置在剪力墙下面,一方面,桩可以更好地发挥作用;另一方面,可以控制筏板的厚度,减小因为冲切不够而加大筏板厚度。简单来说,就是根据荷载来布置桩。为了方便施工,在控制桩中心距时,桩基的最小中心距应符合桩基规范中规定的最小桩间距要求。桩基桩端持力层的选择和进入持力层的深度要求也要符合桩基规范中的有关规定。为了更好地发挥桩的承载能力高的特性,在选择持力层时,首先要尽量选择低压缩性土,以减小桩筏基础的沉降;其次,在施工时应保证桩端进入持力层一定深度,以确保承载力的准确。桩筏基础的布桩原则:为了改善承台的受力状态,尤其是减小承台的剪切力、冲切力和整体弯矩,将桩基布置在墙下、柱下和梁下比较合适。为保证基础桩基间距小、减小承台的内力、桩基数量多、优化反力分布及差异沉降,应忽略承台分担荷载效应。

对桩筏基础进行优化时,从桩筏基础的组成来分析,主要包括桩和筏板的刚度;从相互作用角度来分析,除桩和筏板外,还包括对土体性状的要求;从整体的角度来分析,还包括上部结构对桩筏基础刚度的影响。就现阶段而言,在实际工程中最容易实现的优化方式有以下几种：

（1）调整桩基的自身刚度。包括选择桩基的类型，调整桩基的直径、桩长和间距。

（2）调整筏板基础的厚度。在满足上部结构对筏板冲切要求的前提下，结合上部结构刚度的分布情况，通过改变部分筏板的厚度，使桩筏基础的刚度和上部刚度达到一致。

（3）调整土体的性状。建筑物的荷载最终全部传给了土体，所以土体的变形与桩筏基础的刚度有着直接的联系。若土体局部变形较大，即存在较大的沉降差异，造成的直接结果就是加大了筏板的变形，增大了筏板的内部应力，从而需要更多的钢筋来承担弯矩和剪力，进而影响了工程的经济性。因此，从经济性的角度出发，可以人工有目的地去调整土体的刚度，比如对地质情况比较差的地方，可以通过地基处理加大地基的承载力；对地质情况很好的地方，可以适当减弱；通过人为处理，尽管桩筏基础的沉降可能有所加大，但沉降差异可以得到较好的调整。

总体来说，进行桩筏基础优化设计时，可以归纳为以下两个方面：①按荷载的具体分布来布置桩的数量，在考虑桩间土的共同作用下，尽量减少桩的数量。②在满足荷载要求的条件下，通过变刚度调平，尽量使桩筏基础各处的沉降相近，以达到减少桩基的沉降差异，从而减少筏板厚度和配筋。

7.3　桩筏基础设计方案优化若干问题

7.3.1　设计时的控制原则

近 20 多年来，高层建筑桩筏基础的设计从原理和实践方面都发生了一系列演化，大体可分为 3 类模式：①"纯桩"模式，不论是端承型桩，还是摩擦型桩、低承台、高承台，一律由桩承担全部荷载，不考虑基底土的分担作用，这是传统的并仍为一些岩土工程设计者沿用的模式。②复合桩基模式，对于非端承型桩，基底土为非液化、非湿陷性、非欠固结土的条件下，考虑桩间土分担一部分荷载，如《建筑桩基技术规范》（JGJ 94—2008）的有关规定。③按控制变形设计的复合疏桩基础模式，一种情况是地基土承载力不足，由疏桩弥补其不足；另一种情况是地基土承载力虽满足要求，但沉降过大，布置疏桩以减小沉降。前者称为协力桩基（assistant pile），后者称为减沉桩基（settlement reducing pile），这二者在满足承载力要求的前提下，控制沉降变形，且均应为摩擦型疏桩，以较大程度地发挥桩间土的承载力作用。

采用桩筏基础的目的：一是控制建筑物的均匀沉降和不均匀沉降；二是提高地基的承载力。但对具体工程而言，这两个要求的重要性并不是完全等同的。桩群属于端承型桩时，显然沉降量不是主控要素，故此处讨论的是摩擦型群桩和端承摩擦型群桩的桩筏基础。

由于岩土工程问题的复杂性，特别是由于桩筏基础沉降计算的复杂性和不精确性，不少工程设计人员不顾地质条件的差异，一味倾向于将桩基直接嵌入基岩，嵌岩深度有越来越深的趋势。导致这种设计倾向的原因就是根本不考虑地基土参与承担荷载的可能性，以及忽略了建筑物可以承受一定沉降量的可能性。以沉降控制设计的思想有助于纠正上述不恰当的设计思路。

关于以沉降控制设计的思路,学术界和工程界早已有之,但比较正式的是 Burland 于 1977 年提出的,但未受到足够的重视,直到近年以沉降控制设计的思路才引起人们的重视。事实上,不管是以承载力控制设计的思路,还是以沉降控制设计的思路,都必须满足建筑物对地基的沉降和承载力要求。因为不管采用哪一方面作为主控要素,其另一方面的要求都必然是前提条件。这两种设计思想主要是侧重点不同、设计的着手点不同。

7.3.2　布桩方式

实际工程中的桩筏基础设计中通常采用均匀布桩。由于地基是一个完整的三维体,作用在某一点处的荷载在其余各点处也会产生位移,各点相互作用的结果使中间部分沉降量最大,周边小,整个建筑物的基础沉降呈"盆底形"。由于基础及上部结构具有较大的刚度,基础底面仍保持平面状态,导致上部结构的荷载在传至地基时向周边集中,从而引起基础边沿地基土反力增加,产生了像桥梁一样的架越作用。架越作用使地基土反力在筏板(承台)下分布不均衡,即呈周边大、中间小的状态。均匀布桩的桩筏基础中的这一筏底土反力分布规律与纯筏式基础土的反力分布规律形态基本一致。很多现场实测均证明了均匀布桩筏板下土反力分布不均衡的规律。

架越作用产生的主要原因是地基土保持或近似于弹性变形,当出现塑性变形时,架越作用将表现得不明显甚至不出现,但实际工程中筏板下的地基土一般还处于弹性阶段。

由上述均匀布桩筏板下土反力分布不均衡和筏板下土体的下凹形沉降可知,桩顶反力会呈现"倒盆底形"的分布规律,即角桩反力大于边桩,边桩反力大于内部桩。为改变这一状况,在传统设计中采用"外强内弱"布桩法,结果使筏板下土的反力分布更加不均衡,上部结构荷载更加向角边和周边集中,上部结构次内力和基础内力更大,筏板增厚得更多,工程造价不断提高。"外强内弱"的布桩方式是以群桩为优化对象的,它主要是考虑从控制各桩反力一致的角度出发,为减少角、边桩反力与内部桩之间的差异而采用的布桩方式。但该方式会导致筏板受力不合理,最大弯矩显著增大,筏板下土体反力分布不均衡和差异沉降。

采用一个新的设计方法,即"外弱内强"布桩法可使筏板下桩的受力和土体反力分布变得均衡,筏板内力变小,筏板减薄,所以"外弱内强"布桩方式是以整个桩筏基础为优化对象,整体考虑了桩与筏的工作性状,改善了基础受力状态,是最合理和优越的布桩方式,能使基础造价大大降低。需要说明的是,"外弱内强"布桩方式中的"弱"不仅指桩数减少,更多的是指桩径和桩长的减小;"强"是相对外围而言的,一般内部桩也要减少,只不过数量上没有外围减少得多。国外众多学者研究较多的在柔性筏板中部设置群桩以减小差异沉降和弯矩的桩筏基础,其实也是一种"外弱内强"的布桩方式。

在采用"外弱内强"布桩方式的前提下,使基础沉降达到一定的量值。这样可使桩先达到极限状态,然后筏板下土反力迅速增长,直到土也达到它的极限承载力。此时沉降虽然已达到一定的程度,但基础依然保持均匀沉降,且由于桩和土都达到极限状态,筏板下桩数可大大减少。龚晓南指出:由于土体承担荷载的前提条件是筏基产生一定的沉降,沉降越大,土体承担的荷载越大,因此在设计桩筏基础时,应该允许桩筏基础产生一定量的沉降。

7.3.3　筏板下土体的改造和利用

　　最初由于认识上的不足,群桩基础(或桩筏基础)设计中并未考虑筏板(承台)下土体的承载能力,这样会造成设计保守且不经济。其实大部分情况下,筏板(承台)下土体都承担着或多或少的荷载。亦即除端承型桩和基底土为可液化土、湿陷土、欠固结土或超软土外,在大多数情况下,无论计算时是否考虑,筏板(承台)下的土实际上都承担一定的荷载,即筏板(承台)底面以上的荷载是由桩与土的共同作用来分担的。桩与筏共同作用分担建筑物荷载,这是非常复杂的问题,它与地基条件、沉桩方法、超孔隙水压力的消散、桩的类型、桩的数量、桩距、桩长、施工工艺等及上部结构刚度(包括基础刚度)诸因素有关。

　　筏板(承台)下土体的荷载分担比是随时间的变化而变化的,这是一个动态的过程,具体可分为下面几个受力阶段。第一阶段:在建筑物施工期和使用早期,基底和地基土保持接触,桩和筏共同承担建筑物荷载。第二阶段:随着时间的延续,打桩时引起的超孔隙水压力逐渐消散,到某一时间段内,由于超孔隙水压力消散引起基底土的固结大于桩基沉降,基底和地基土脱离,上部结构荷载全部由桩来承担。第三阶段:既然建筑物荷载已转移到由桩承担,那么建筑物的沉降将不断增加,一般此时的沉降速率比超孔隙水压力的消散速率稍大,这样经过一定时间,基底可能与地基土再度接触,桩筏又开始共同承担建筑物的荷载。第四阶段:在上一阶段,基底与地基土再度接触,桩承受的荷载减少,建筑物的沉降速率相应递减,由于超孔隙水压力的完全消散需要很长时间,当孔隙水压力消散引起地基土的沉降大于建筑物沉降时,则基底和地基土再度脱离,此时建筑物的荷载再度由桩单独承担。第五阶段:对打入黏性土的桩,其承载力随时间而增大,因此在本阶段,若基底和地基土脱离,则桩已有足够的承载力单独地承担建筑物的荷载,这点可以从很多工程实例中得到验证。若此时桩的承载力仍不足以单独地承担建筑物的荷载,那么基底和地基土将以脱离和接触的循环形式继续下去,直至建筑物沉降稳定。而对于在软土地基上的短摩擦型桩,最终将出现基底和地基土保持接触,与桩共同承担建筑物荷载的情形。

　　筏板(承台)下土反力是可以人为增大的,也就是说土反力是可以改造的。若利用土体承担荷载,则荷载作用于地表,采用 Bossinesq 公式可算出土体中应力场的分布,应力主要集中在上部土层,往下衰减很快,所以上部土层的好坏直接影响着土体的承载能力。要利用筏板下土体来分担荷载,就要尽可能使筏板下土具有较高的承载能力,这可以通过夯实或换土来实现,具体采用何种方式要通过方案比较确定。另外,当筏板下土已具有较高承载力时,完全可以不再进行处理,可直接利用。

　　桩筏基础中桩与土分担荷载的比例随地质条件、布桩形式及施工方式等的不同而不同,这几乎已成共识。但还必须注意到,桩土荷载分担比是随时间的变化而变化的,是一个动态的过程。由于土体承担荷载的前提条件是筏基产生一定的沉降,沉降越大,土体承担的荷载越大,因此在设计桩筏基础时,应该允许桩筏基础产生一定量的沉降。同时必须注意,如果桩基础持力层很好,而筏基下土体很差,则必须考虑筏基可能会与土体脱开造成土体无法承载的情况。

7.3.4　疏桩桩筏基础

疏桩桩筏基础即协力桩-筏复合基础,是把建筑物按传统桩基设计确定的桩的数量与间距(一般3~4倍桩径)进行精简与疏布(通常大于或等于6倍桩径)的桩基础。实质上,它是利用疏化桩基的原理提高单桩有效承载力,并发挥桩间土的承载力来补偿桩基,也就是说,上部荷载不再全部由桩来承担,而是由桩与桩间土共同承担。疏桩基础的出现是一种设计思想的转变。

桩距过小会给桩基施工带来很大不便,如使打桩变得困难;破坏周围环境而使施工中断和延期;使先期打入桩被挤断或使其承载力降低而报废。显然,疏桩基础由于桩数少、间距大,可以大大缓解上述常规桩基础施工中的困难。同时,桩数大大减少后还可以节约工程造价,因此具有很大的优越性。

协力桩-筏复合基础是考虑天然地基土参与共同承载作用,而非如通常概念"有桩就不再考虑土"。协力桩-筏复合基础(assistant pile-raft compound foundation,APRCF)就是在天然地基承载的基础上,再加若干根微型桩以弥补天然地基承载力的不足。协力桩-筏复合基础的设计思想就是充分发挥地基土的天然承载力,桩只是起协助传力的作用。当桩端为较软持力层时,桩端的贯入量大,桩间土的压缩量也大,承台底下土体提供的反力也就大,因此承台底土承担了大部分外荷载,桩的作用是把剩余的荷载传递到承载力较高的土层中去,起协助传力的作用。

承台-桩-土共同工作所产生的"加强作用"提高了较软持力层的桩-筏复合地基的承载力,这种"加强作用"表现为承台底土接触应力的传递加强了桩端阻力和桩侧摩阻力,所以可以得到这样一个结论:低承台群桩中桩-土-台共同作用及群桩效应使得稍软土层作为协力桩的持力层是可行且有利的。

7.3.5　沉降控制桩基设计

沉降控制桩基设计简称沉控设计。沉降控制桩基础是指按控制地基沉降的原则设计的桩基础,亦即在设计时由基础的沉降控制值来确定桩数和桩长。桩在基础中除承担部分荷载外主要起减少和控制沉降的作用,桩可视为减少沉降的措施,或作为减少沉降的构件来使用。

沉降控制桩基础是现代桩土相互作用理论研究的重要成果之一。众所周知,在实际工程中设计采用桩基础的原因主要有两个:一是因为地基承载力不够,需要采用桩将上部结构荷载传到深层土或支撑于坚硬持力层;二是因为地基土将会发生较大的沉降变形,需要采用桩来减少沉降。因此,合理和恰当的桩基础设计应根据采用桩基的目的不同而分3种不同的情况处理,即:所有荷载由桩承担;桩和筏板基础分担上部结构荷载,桩既承担荷载,又起到减少沉降变形的作用;桩用于减少或控制沉降,基础的承载力主要由基础板(梁)承担。

然而,目前的桩基础设计理论都是建立在满足承载力的基础上的,也即在桩基础设计时均按上述第一种情况处理,完全由上部结构荷载来确定桩数和桩长。显然,对于由于沉降过大而设计采用桩基础的情况来说,采用这种传统的桩基础设计方法是过于保守的,并且在设计目的上也不明确。沉降控制桩基础就是建立在桩土相互作用理论基础上以控制沉降变形为设计原则的一种新型基础形式和地基处理技术。

"沉控"桩基础的优点主要有:充分利用和发挥了桩对基础沉降控制的能力;桩可按单桩极限承载力设计,使桩的承载能力得到充分的发挥;减少了用桩数量,与常规桩设计方法相比,一般可减少用桩数量 30% 以上,大大降低了工程造价,并可减少对环境的影响;与水泥土搅拌桩或粉喷桩等地基处理相比,由于减少沉降桩一般采用钢筋混凝土桩,其质量控制能够得到较好的保证。

7.4　优化设计内容及原则

7.4.1　优化方向

基础底板的厚度主要取决于基础的内力,减小底板内力的最佳办法就是合理布桩。通过调整桩基的桩长、桩径、桩间距及基础形式,使基础各处沉降均匀,从而使底板内力减小。在此过程中,应考虑调整底板厚度,使底板和桩基整体造价最低。这样,优化方向应为以变形量作为控制标准,以调整基础底板厚度、桩基设计参数为手段,使基础整体造价最低。

7.4.2　优化设计研究的内容

根据高层建筑基础的研究理论和现场实测结果,高层建筑基础优化设计的主要内容为筏板厚度、桩长、桩径、桩间距、布桩形式等的确定。对于带裙房的高层建筑,还需考虑主楼与裙房的底板是否可采用不同厚度;主楼与裙房各自的桩型及布桩形式,甚至在裙房下是否可不布桩,而直接采用天然地基或复合地基。

7.4.3　优化设计研究原则

基础优化设计具有其特殊性,具体表现在以下方面:

(1)基础类型多。

带裙房的高层建筑基础优化按主楼与裙房可分为主楼基础与裙房基础;按桩-筏基础又分为筏板基础与桩基、天然基础、复合基础;同时应考虑上部结构与地基基础两个不同系统。

(2)主次性。

根据场地地质条件,桩长(持力层)应为优化设计的主要因素,桩径、桩间距(桩数)及筏板厚度应根据桩长来优化。

(3)复杂性。

由于现有的桩筏基础的位移与应力计算,通常是将桩基筏基先分解再耦合来实现的。所以,桩筏基础的优化计算是在桩基、筏板各自计算结果的基础上进行的,这样要实现优化计算是较为困难的,迫使人们放弃最优解去寻求在特定条件下的满意解。

（4）可行性。

桩筏基础的优化计算既要考虑现行设计规范的要求，又要考虑设计方案的可行性，当然设计方案的最后选取主要取决于基础造价。其中，方案的可行性要求优化计算结果必须满足方便施工的要求。

由上述分析可知，优化计算的原则应为：寻求经济而又合理的优化计算结果，即满意解而非数学意义上的最优解。

有研究者将系统分析的理论与方法应用于桩筏基础设计，混合使用了多种优化技术，将设计所追求的目标与应满足的各种条件用数学规划和工程经验有机地联系，从而建立数学模型，以桩筏基础总造价最低作为优化目标建立目标函数。建立了"假设—分析—搜索—最优设计"的优化过程，将设计所追求的目标与应满足的各种条件用数学规划和工程经验有机地联系。此外，优化设计中还将一些土工原理及桩土共同作用机制研究成果作为优化模型的一部分，使优化结果避免了纯数学化的倾向。

刘毓氚等针对目前优化设计中普遍存在的为求解简便而对桩筏基础过分简化得到的数学模型造成系统失真，或数学模型虽能大致反映桩筏基础的特性但过于复杂从而求解困难，以及数学模型求解过程中不能充分考虑专家和决策者的意见等缺点，将系统模拟法运用于桩筏基础的优化设计中。采用定性模型与定量模型相结合的多目标决策技术——不同目标比重的近似理想点排序法，综合分析系统模拟的输出结果，在决策者、专家参与下借助定量模型确定最优决策方案，最终确定桩筏基础优化设计的满意解；积极吸纳专家宝贵经验和充分尊重决策者的偏好，实现了人机交互式优化设计。

此外，在群桩的布置方式上也存在分歧，基于传统的"均匀布桩"所产生的筏基沉降呈现盆底形的沉降曲线，桩顶反力呈现倒盆底形的分布规律，诸多学者从不同的角度出发又提出了"外强内弱"及"内强外弱"两种截然不同的布桩方式。

综上所述，现有桩基优化设计方法存在如下特点：①在是否考虑群桩对基础刚度影响方面，由于研究对象的差异，产生了两种截然相反的设计原则：当以桩筏基础为优化设计对象时采用"内强外弱"的布桩方式；当以群桩为优化对象时，采用"外强内弱"的布桩方式。②没有考虑上部结构与地基土的共同作用，很少考虑桩土荷载分担作用。③对施工要求和场地工程地质条件等考虑较少。④群桩优化设计研究尚未达到实用阶段，考虑的因素较少。

7.5　桩筏基础的优化设计

在桩筏基础的优化设计中，通常选取桩长、桩径、桩间距、桩数、筏板厚度及筏板内各种配筋量等作为设计变量，从而建立数学模型进行优化设计。本节根据模型试验的数据分析结果，初步探讨考虑桩长、桩间距和桩径时桩筏基础的优化设计。

7.5.1　以桩长为变量

在桩筏基础的设计中，设计人员习惯于根据土层的竖向分布特征大体确定桩端持力层，从而确定桩长，很少或没有考虑桩长对桩筏基础承载性能的影响，导致桩越来越长，基础造价节节攀升,这显然是不合适的,当较硬的土层埋藏很深时可能就会造成很大的浪费。

由第 4 章模型试验结果可知,在桩数、桩间距、承台尺寸等其他变量一定的情况下,桩长对桩筏基础的承载性能影响非常大。在桩基中承台底地基土始终参与共同工作,一开始承台底地基土就分担了 5% ~ 15% 的荷载,并且随着荷载水平的增大,其荷载分担比不断增大,最终地基土分担了 30% ~ 45% 的荷载,所以在桩筏基础的设计中必须考虑桩-筏-土的共同作用,让土体分担一部分荷载。对比 500 mm 桩长和 700 mm 桩长的基础模型发现,4D 桩距时,后者土的分担比比前者减小了 6.4%,6D 桩距时减小了 5%;桩长增加了40%,土的分担比减小了 6% 左右。可见,要充分利用承台底地基土的承载力,就不能一味地增加桩长。

桩顶反力分布上,由试验结果可知,均匀布桩时遵循着角桩最大、边桩次之、中心桩最小的规律。4D 桩距时,角桩、边桩、中心桩桩顶反力之比对于 500 mm 桩长的基础模型为1.26∶1.18∶1,700 mm 桩长的基础模型为 1.46∶1.23∶1;同时,其他学者的研究还表明均匀布桩时筏基沉降呈现"盆底形"的沉降曲线。为此在群桩的布置方式上出现了"外强内弱"和"内强外弱"两种截然相反的方式,由前面的分析可知:以整个桩基为优化对象的"内强外弱"布桩原则比较合理,可改善底板的内力和弯矩分布,减小筏板厚度,使整个桩基造价降低。按照"内强外弱"布桩原则,建议优先减小外围桩的长度。

由对桩端阻力的分析可知,桩长由 500 mm 增加到 700 mm,桩端阻力略有增大,这是由于模型试验中桩端进入持力层的深度已超过了砂土中端阻的临界深度,当桩端进入均匀持力层的深度大于端阻的临界深度后,其极限端阻力就不再随深度线性增大,而是基本保持不变。因此,在确定桩长时,宜将桩端设置在端阻的临界深度处,这样有利于充分发挥桩的承载力。

通过分析模型试验的 P-s 可知,无论是 4D 桩距,还是 6D 桩距,700 mm 桩长的 P-s曲线始终位于 500 mm 桩长的 P-s 曲线之上。也就是说,在产生相同沉降的条件下,700 mm 桩长比后者能承担更大的荷载;同时,如果两者承担的荷载大小相等,那么 700 mm 桩长时的沉降量小于 500 mm 桩长时的沉降量。桩长从 500 mm 增加到 700 mm,桩身体积增加了 40%,4D 桩距时桩筏基础的极限承载力提高了 11.9%,6D 桩距时极限承载力提高了 12.5%,可见,增加桩长确实能够提高桩筏基础的承载力。由上述分析可知,当桩距相同时,桩筏基础的极限承载力随桩长的增加而增大,沉降随桩长的增加而减小。所以,可以用增加桩长来满足承载力及沉降控制的要求。但是,研究表明,当桩长增加到一定程度后对减小沉降的效果就不明显了。

7.5.2　以桩间距为变量

分析桩顶反力,对于 500 mm 桩长的基础模型,角桩、边桩、中心桩桩顶反力之比 4D桩距时为 1.26∶1.18∶1,6D 桩距时为 1.16∶1.09∶1;对于 700 mm 桩长的基础模型,角桩、边桩、中心桩桩顶反力之比 4D 桩距时为 1.46∶1.23∶1,6D 桩距时为 1.36∶1.18∶1。由上述数据可以看出,在桩长相同的情况下,桩间距增大后,角桩、边桩、中心桩桩顶反力的差异减小,即桩顶反力趋向均匀分布,这对于桩筏基础的整体受力性能有利,可降低基础的造价。所以,可以适当地增大桩间距,以减小桩顶反力的差异。

对于桩侧摩阻力,以 700 mm 桩长的基础模型为例,角桩、边桩、中心桩的侧摩阻力最大值 4D 桩距时分别为 56 kPa、49 kPa、38 kPa,6D 桩距时分别为 67 kPa、58 kPa、47 kPa,侧摩阻力最大值随着桩间距的增大而增大。可见,增大桩距有利于桩侧摩阻力的发挥,改善桩筏基础中基桩的工作性状。

分析土的荷载分担比,根据模型试验结果,桩长相同时,桩间距由 4D 桩径增大到 6D 桩径,土的荷载分担比增大了 9%~10%,所以要充分利用承台底地基土的承载力,就要加大桩距。结合前述"内强外弱"的布桩原则,宜优先扩大外围桩的间距。

7.5.3 桩径的确定

确定桩径时应综合考虑荷载大小、土层土质及长径比等因素,力求做到既满足使用要求,又能最有效地利用和发挥地基土和桩身材料的承载性能,既符合成桩技术的现实水平,又能满足施工工期要求和降低造价。

按不出现压屈失稳的条件确定长径比,仅在高承台桩基露出地面的桩长较大,或桩侧土为可液化土、超软土的情况下才考虑,当然,此时设计时就不能考虑土的荷载分担作用。

模型试验中通过改变桩的直径来调整桩的间距,4D 桩距对应的桩径为 25 mm,6D 桩距对应的桩径是 16 mm。定义比表面为表面积与体积之比,每组试验中基础模型的极限承载力乘以桩的荷载分担比,即为桩承担的总荷载,再除以桩身的总体积即为平均每单位体积混凝土所承担的荷载。由此可计算出 500 mm 桩长和 700 mm 桩长的基础模型单位体积混凝土承担的荷载(见表 7-1)。

表 7-1 单位体积混凝土承担荷载分析

桩长/mm	比表面	荷载/(N/mm³)	相同桩长不同比表面比值	相同比表面不同桩长比值
500	1/4	0.175	1.606	1.136
	4/25	0.109	1	1.135
700	1/4	0.154	1.604	1
	4/25	0.096	1	1

可见,当桩的比表面相同时,桩长对单位体积混凝土承担的荷载影响不是很大,而当桩长相同时,随着桩的比表面的减小,单位体积混凝土承担的荷载明显减小,即混凝土的利用率降低。因此,确定桩径时首先要考虑各类桩型的最小直径要求,其次考虑桩土相互作用特性优选桩长、桩径,对于摩擦型桩,宜选择具有较大比表面的尺寸,即宜采用细长桩,以提高桩身混凝土的利用率,因此摩擦型桩不宜选用短而粗的大直径桩。结合"内强外弱"布桩方式,宜优先减小外围桩的直径。

第8章 结 论

众多的理论分析和试验研究均证实桩筏基础中桩-筏-土存在共同作用,设计中如果不考虑这种共同作用显然是不合理的,会造成极大的浪费。考虑共同作用的设计方法必须建立在对桩筏基础共同工作机制充分认识的基础上。

8.1 承载力模型试验及优化设计

对国内外关于桩筏基础与地基共同作用研究的现状资料进行了大量查阅收集,对现有的相关技术研究进行了分析总结。通过分析单桩、群桩的工作性能,研究了桩筏基础共同分担建筑物荷载的机制,讨论了影响桩筏基础承载性能的诸多因素,设计了模型,试验重点研究桩长对桩筏基础承载性能的影响,通过分析得到以下结论:

(1)均匀布桩时,在各桩承担的荷载大小上,遵循角桩最大、边桩次之、中心桩最小的规律。在同一级荷载下,桩顶反力随着桩长的增加而增大,并且当桩长增大后,桩顶的反力要发生重分布,荷载趋向角桩和边桩,中心桩的反力相对减小。

(2)不同位置单桩侧摩阻力的发挥程度,依次为角桩最好、边桩次之、中心桩最差。桩侧摩阻力的强化效应和退化效应同时存在,在两者共同作用下,桩侧摩阻力的性状变得十分复杂。

(3)桩端阻力的分布与桩顶反力的分布一样,仍然是角桩最大、边桩次之、中心桩最小。当桩端进入均匀持力层的深度大于端阻的临界深度后,其极限端阻力就不再随入土深度线性增大,而是基本保持不变。

(4)桩长对承台底面下土反力的分布形态基本上没什么影响。在其他条件不变的情况下,承台下土反力的大小将会随着桩长的增加而减小。

(5)桩的荷载分担比随着桩长的增加而增大,随桩距的增加而减小;筏基的荷载分担比随桩长的增加而减小,但是变化幅度不大,随着荷载水平的增大,桩长对桩土荷载分担比的影响也越大。

(6)当桩距相同时,桩筏基础的极限承载力随桩长的增加而增大,沉降随桩长的增加而减小。当桩长增加到一定程度后,对减小沉降的效果就不显著了。

最后,结合模型试验的结果,对桩筏基础的优化设计进行了初步探讨,得到如下一些有益的结论:

(1)为了充分发挥桩的承载力,确定桩长时宜将桩端设置在端阻的临界深度处。虽然增加桩长能够增大桩筏基础的承载力,减小整体沉降,但是土的荷载分担比随着桩长的增加而减小,并且当桩长增大到一定程度后对减小沉降的作用就不明显了,所以在满足承载力和沉降控制的要求后,应该尽量减小桩长,并且结合"内强外弱"的布桩方式,宜优先减小外围桩的长度。

（2）为了减小角桩、边桩、中心桩桩顶反力的差异,改善桩筏基础中基桩的工作性状,充分利用承台下地基土的承载能力,提高土的荷载分担比,应扩大桩的间距,而且结合"内强外弱"的布桩方式,宜优先扩大外围桩的间距。

（3）为了提高单位体积混凝土所承担的荷载,即提高桩身混凝土的利用率,宜选择具有较大比表面的桩尺寸,即宜采用细长桩,摩擦型桩不宜选用短而粗的大直径桩。结合"内强外弱"的布桩方式,宜优先减小外围桩的直径。

8.2　不均匀沉降模型试验及数值模拟分析

以既有高层建筑桩筏基础不均匀沉降控制工程为研究对象,针对现有研究单纯依靠数值模拟分析缺乏试验对比的局限性提出了改进办法,运用缩尺试验与数值模拟分析相结合的研究方法对桩筏基础加固前后的受力变形特征开展了对照研究,并取得了较好的效果。

（1）桩筏基础沉降量与上部结构荷载等级呈线性正相关。随着荷载等级的增加,筏板中部受到的上部集中荷载最大,产生的弯曲变形也最大;与此同时,桩筏基础的群桩效应增强,筏板下土体出现了明显的碟形沉降特点,筏板及地基的不均匀沉降表现为中心大、四周小。数值模拟和缩尺试验均表明,各级荷载下筏板角桩桩顶反力及角部基底反力最大,筏板中心桩桩顶反力及中心基底反力最小,这与桩筏基础下地基的碟形沉降特点相吻合。

（2）采用补桩对桩筏基础加固控沉,补桩数量越多,筏板平均沉降减少量越大;补桩位置距离原桩越近,对应位置桩顶反力及基底反力减幅越大,沉降量减幅越大。在保证基本桩距的条件下,通过增加补桩数量总能减少平均沉降,当在沉降量较小的筏板外圈补桩则会使不均匀沉降加剧。

（3）采用注浆法加固土体后,地基碟形沉降明显减少,筏板不均匀沉降差出现了缩小,筏板平均沉降也出现明显减少。注浆后桩筏基础反力产生重分布,主要原因是土体注浆后刚度增大,承载力增强,同样的沉降量下筏板分担的荷载数值及比例增大,桩体分担荷载数值及比例减小。

（4）筏板厚度越大,最大沉降差越小,角部与边部桩体及筏板分担的荷载比例越大,平均沉降也有所增加。随着板厚增加,刚度增大,筏板抗弯能力增强,筏板中心变形减少;同时刚度的增大加剧了筏板的架越作用,更多的上部荷载直接传递到了筏板边角部位,使筏板周围的角桩、边桩承担的荷载比例增加。板厚的增大带来更大的自重,增大了基础平均沉降,当筏板刚度增大到较高水平后,筏板自重增大成为影响控沉的主导因素。采用增厚筏板控沉时,若原筏板刚度水平较高则不宜采用此方案。

桩筏基础可以有效降低不均匀沉降,解决由此带来的结构不安全因素;同时桩基础可以承载高层建筑较大的竖向荷载,并满足地震、风等水平力产生的大的倾覆弯矩。桩筏基础承载性状及优化设计的研究是一个非常大的课题,工程应用前景广阔,其潜在的经济价值巨大。桩筏基础作为复合型基础,其受力及工作性状有待进一步研究和深化,以使桩筏受力及工作机制接近实际的工作性状,从而更好地指导工程实践。

参考文献

[1] 高大钊,赵春风,徐斌. 桩基础的设计方法与施工技术[M]. 2版. 北京:机械工业出版社,1999.

[2] 刘子祎,陈明远. 高层建筑结构分析[C]//北京力学会.北京力学会第二十八届学术年会论文集(下). 2022:171-173.

[3] 夏树峥. 填方灰土桩复合地基大底盘建筑倾斜特性及纠倾加固技术研究[D]. 西安:长安大学,2019.

[4] 杨志昆,邓正定,梁收运,等. 某筏式基础高层建筑纠偏加固技术研究[J]. 施工技术,2017, 46(4):104-109.

[5] 孙占军,金来建,何庆祥. 上海地区某加层建筑地基不均匀沉降原因分析[J]. 建筑结构,2018, 48(增刊):706-710.

[6] 刘威,黄淳捷. 地面不均匀沉降下埋地管道响应数值分析[J]. 同济大学学报(自然科学版),2022, 50(3):370-377.

[7] 杨秀竹,王星华,陈顺良. 某建筑物不均匀沉降的原因分析与治理[J]. 工业建筑,2004(5):85-87.

[8] 李国和,张建民,张嘎. 水井抽水引起地基沉降影响范围探讨[J]. 铁道工程学报,2014, 31(12):23-27,32.

[9] 陈大川,唐利飞,郭杰标. 某住宅楼不均匀沉降事故的分析及处理[J]. 工业建筑,2011, 41(4):136-139.

[10] Leonardo Zeevaert. Foundation engineering for difficult subsoil conditions[J]. Van Nostrand-Reinhold Co, 1983(1):424-433.

[11] Burland J B, Broms B B, Mello VFBD. Behaviour of foundations and structures[J]. Proceedings of the 9 International Conference on Soil Mechanics and Foundation Engineering,Tokyo:Japanese Society of Soil Mechanics and Foundation Engineering,1977:495-546.

[12] Randolph M F. Design methods for pile group and piled rafts[J]. Proceeding 13th International Conference on Soil Mechanics and Foudation Engineering, New Delhi,1994(2):61-82.

[13] Poulos H G, Small J C, Ta L D,et al. Comparison of some method for analysis of piled rafts[C]// Proceedings of the 14th International conference on soil Mechanics and Foundation Engineering, Hamburg, 1997(2):1119-1124.

[14] Poulos H G. Piled raft foundation:design and application [J]. Geotechnique, 2001, 51(2):95-113.

[15] Hain S J, Lee I K. Rational analysis of raft foundation[J]. J. Geotech. Eng. Div ASCE, 1974, 100(GT7):843-860.

[16] 董建国,赵锡宏. 高层建筑地基基础——共同作用理论与实践[M]. 上海:同济大学出版社,1997.

[17] Padfield C J. Settlement of structures on clay soils[J]. Construction Industry Research and Information Institute, 1983(11):27.

[18] Fleming W G K. Piling engineering[M]. Abington:Spon Press, 1992.

[19] 肖艳,姜永光,井彦青,等. 非深厚软土地基下桩筏基础减沉桩的设计与应用[J]. 建筑结构,2020, 50(17):109-115.

[20] 童毓湘,周志洁,陈继成. 桩与承台板共同作用的初步试验和认识[R]. 上海:华东电力设计院, 1983.

[21] 刘金砺,黄强. 竖向荷载下群桩变形性状及沉降计算[J]. 岩土工程学报,1995(6):1-13.

[22] 陈祥福. 超高层建筑深基础沉降理论和工程应用研究[D]. 上海:同济大学,2000.

[23] 蒋刚,江宝,李雄威,等. 桩筏基础承载过程的安全度分析[J]. 土木工程学报,2015,48(增刊):191-196.

[24] 张建辉,靳元峻,余晓雅,等. 不同桩长、桩径桩筏基础的分析方法[J]. 岩土工程学报,2006,28(11):1958-1963.

[25] 段旭,董琪,门玉明,等. 黄土挖填方场地中桩筏基础受力变形状态研究[J]. 西安建筑科技大学学报(自然科学版),2018,50(3):373-380.

[26] 谢芸菲,迟世春,周雄雄. 复杂环境中大规模桩筏基础的优化设计方法研究[J]. 岩土力学,2019,40(增刊):486-493.

[27] 张建辉,邓安福,周锡礽. 基于差异沉降最小的桩筏基础分布桩分析[J]. 天津大学学报,2001,34(5):646-650.

[28] 江杰,黄茂松,梁发云,等. 桩筏基础相互作用非线性简化分析[J]. 岩土工程学报,2008,30(1):112-117.

[29] 余闯,宰金珉,刘松玉. 基于差异沉降控制的油罐桩筏基础设计与分析[J]. 特种结构,2004,21(1):31-33.

[30] 赵锡宏,龚剑. 桩筏(箱)基础的荷载分担实测计算值和机理分析[J]. 岩土力学,2005,26(3):337-341.

[31] 刘金砺,袁振隆. 粉土中钻孔群桩承台-桩-土的相互作用特性和承载力计算[J]. 岩土工程学报,1987,6(6):1-15.

[32] 王伟,杨敏. 竖向荷载下桩基础弹性分析的改进计算方法[J]. 岩土力学,2006,27(8):1404-1406.

[33] 曾友金,章为民. 桩筏基础相互作用分析[J]. 岩土力学,2004,25(增刊):316-320.

[34] 《岩土工程手册》编写委员会. 岩土工程手册[M]. 北京:中国建筑工业出版社,1994.

[35] 唐业清. 土力学基础工程[M]. 北京:中国铁道出版社,1989.

[36] 林亚超,王邦楣. 砂性土中单桩和桩基的模型试验[J]. 桥梁建设,1997(2):58-70.

[37] COOKE,R W. Jacked piles in London clay:interaction and group behaviour under working conditions[J]. Geotechnique,1980,30(2):97-136.

[38] 吴永红. 垂直荷载作用下桩台共同工作的试验研究与理论分析[D]. 天津:天津大学,1992.

[39] 王幼青,张克绪,朱腾明. 桩-承台-地基土相互作用试验研究[J]. 哈尔滨建筑大学学报,1998,31(2):31-37.

[40] 卢世深,林亚超. 桩基础的计算和分析[M]. 北京:人民交通出版社,1987.

[41] 刘金砺,袁振隆. 群桩承台土反力性状和有关设计问题[C]//中国土木工程学会第五届土力学及基础工程学术会议论文选集. 北京:中国建筑工业出版社,1990:393-399.

[42] 《桩基工程手册》编写委员会. 桩基工程手册[M]. 北京:中国建筑工业出版社,1995.

[43] 张武,迟铃泉,高文生,等. 变刚度桩筏基础变形特性试验研究[J]. 建筑结构学报,2010,31(7):94-102.

[44] 郑刚,刘冬林,李金秀. 桩顶与筏板多种连接构造方式工作性状对比试验研究[J]. 岩土工程学报,2009,31(1):89-94.

[45] Turner M J,Clough R W,Martin H C,et al. Stiffness and Deflection Analysis of Complex Structures[J]. Journal of The Aeroxautical Sciences,1956(23):805-823.

[46] Clough R W. The Finite Element Method in Plane Stress Analysis[C]//Proceeding of American Society of

Civil Engineers, Pittsburg, 1960: 345-378.

[47] King G J W, 姚祖恩. 支承在筏基和独立基础上的框架结构相互作用分析[J]. 建筑结构学报, 1985, 6(2): 62-69.

[48] Larnach W J. Computation of settlement in Building Frames Taking Account of Structural Stiffness[J]. Civil Eng. and Pub. Wks. Rev., 1970(65): 1040-1044.

[49] Poulos H G. Pile behaviour-theory and application[J]. Geotechnique, 1989, 39(3): 365-415.

[50] Ta L D, Small J C. Analysis of Piled raft systems in layered soils[J]. International Journal for Numberical and Analytical Methods in eomechanic, 1996(20): 57-72.

[51] Ta L D, Small J C. Analysis and performance of piled raft foundation on layered soils-case studies[J]. Soils and Foundations, 1998, 38(4): 145-150.

[52] Ta L D, Small J C. An approximation for analysis of raft and piled raft foundations[J]. Computers and Geotechnics, 1997, 20(2): 105-123.

[53] Small J C, Zhang H H. Behavior of piled raft foundations under lateral and vertical loading[J]. The International Journal of Geomechanics, 2002, 2(1): 29-45.

[54] Russo G. Numerical analysis of piled rafts[J]. International Journal for Numberical and Analytical Methods in Geomechanic, 1998(22): 477-493.

[55] Griffiths D V, Clancy P, Randolph M F. Piled raft foundation analysis by finite elements[R]. Research report No. G: 1034 of Department of Civil and Resource Engineering Geomechanics Group in the University of Western Australia, 1991.

[56] 崔春义, 栾茂田, 赵颖华, 等. 基于 ABAQUS 桩筏基础共同作用特性弹塑性分析[J]. 武汉理工大学学报, 2009(6): 60-64.

[57] 王丽. 竖向及水平荷载作用下不同构造形式桩筏基础有限元分析[D]. 天津: 天津大学, 2006.

[58] 李天斌, 田晓丽, 韩文喜, 等. 预加固高填方边坡滑动破坏的离心模型试验研究[J]. 岩土力学, 2013(11): 3061-3070.

[59] 武莹. 上部结构-筏板基础-地基共同作用有限元分析[D]. 西安: 长安大学, 2004.

[60] Wehnert M, Benz T, Gollub P, et al. Settlement analysis of a large piled raft foundation[J]. Numerical Methods in Geotechnical Engineering-Benz&Nordal (eds), 2010: 673-678.

[61] Poulos H G, Small J C, Chow H. Piled Raft Foundations for Tall Buildings[J]. Geotechnical Engineering Journal of the SEAGS&AGSSEA, 2010, 42(2): 78-84.

[62] Xinyu Xie, Mingxin Shou, Jieqing Huang, et al. Application Study of Lonb short-piled Raft Foundation[J]. Applied Mechanics and aterials, 2012(170-173): 242-245.

[63] 何占坤. 盾构隧道下穿既有车站桩筏基础影响分析及施工控制——以杭州地铁 5 号线盾构隧道下穿杭州南站站房工程为例[J]. 隧道建设(中英文), 2022, 42(增刊): 222-231.

[64] 宰金珉. 桩土明确分担荷载的复合桩基及其设计方法[J]. 建筑结构学报, 1995, 16(4): 66-74.

[65] 杨宁, 戴柳丝. 考虑桩刚度的桩筏基础设计[J]. 建筑结构, 2021, 51(增刊): 1478-1482.

[66] 杨敏, 杨军. 大间距桩筏基础地震响应离心模型试验研究[J]. 岩土工程学报, 2016, 38(12): 2184-2193.

[67] 杨钰锋. 高层建筑桩筏基础共同作用分析[D]. 重庆: 重庆大学, 2022.

[68] 张道通, 魏玉强. 高层建筑桩筏基础优化设计[J]. 建筑技术开发, 2021, 48(18): 148-149.

[69] 曾超. 上海地区桩基础优化设计思路分析[J]. 建筑技术开发, 2020, 47(16): 150-151.

[70] 陈璟. 桩筏基础的优化设计与研究[D]. 武汉: 湖北工业大学, 2018.

[71] 崔世敏. 宁夏亘元万豪大厦超限高层基础优化设计论述[J]. 建筑结构, 2013, 43(22): 68-72.

[72] 王维玉,赵拓. 变桩长桩筏基础优化设计数值模拟分析[J]. 工程力学,2013,30(S1):104-108.

[73] 刘毓氚,刘祖德. 协力桩-筏复合基础的应用研究[J]. 岩土工程学报,2004(1):150-151.

[74] 奚灵智,高文杰,杨宇. 软土地区地铁重叠下穿既有隧道减沉桩影响因素研究[J]. 科技通报, 2021,37(8):94-99.

[75] 龚晓南,陈明中. 桩筏基础设计优化若干问题[J]. 土木工程学报,2001,34(4):107-110.